이윤정 지음

힐링
캠핑

북노마드

작가의 말

하룻밤의 힐링

모든 것이 제자리로 돌아가는

소중한 시간

첫 캠핑의 기억이라 하면 무엇일까? '국민학생' 시절, 지난주말 학교 운동장에서 '뒷뜰 야영' 했다는 이야기, 텐트라는 걸 치느라 꽤나 애를 먹어서 우리 조가 꼴찌로 밥을 먹었다던 보이스카우트 친구들의 투정으로 듣던 게 처음이던가. 아니면 대학교 시절, 집에 굴러다니는 구식 텐트 하나 짊어지고 대천해수욕장, 속리산으로 우루루 MT를 떠났던 그때던가. 그러고 나서 우리는 어른이 되었고, 번듯하게 지어진 콘도 회원권, 속속 생겨나는 별장, 그림 같은 펜션에 대한 로망을 갖기 시작했다. 그런데 어딘지 이상하다. 우리는 언제부터 사서 고생하기에 열광하기 시작한 걸까? 어느새 국내 캠핑 인구는 120만 명을 넘어섰다고 한다. 모닥불 피워 놓고 멍 때리기가, 이젠 어디 주말에 멀리 다녀왔다는 옆집 사람들만의 한량놀이가 아닌 것이다.

이에, 나도 나름대로 기자로서의 사명감(?)을 갖고 전국 각지에 있는 핫한 캠핑지를 열심히 찾아다녔다. 캠핑이 무엇인지 소개하려면, 어떤 캠핑장이 어떤 특징을 갖고 있는지를 정확히 알려면 당연히 내가 직접 캠핑을 해봐야 할 것 아닌가. 모름지기 캠핑이란 끼리끼리 떠나는 여행, 오붓하게 우리 가족끼리 즐기는 재미가 훨씬 좋으리라. 그러나 나는 취재, 즉 일하러 가는 것이니 내 몸 하나 이끌고 가야 하는 '초보 솔로' 캠퍼였다. 처음엔 당연히 언제 어디서나 실수 만발이었다. 어느 날에는 나름대로 핫팩이며, 전기난로며, 그릴에 고구마와 돼지 목살, 오징어까지 만반의 준비를 했건만, 산에서 해가 지는 시간을 예측하지 못해서 이너텐트 하나 치고 났더니 시커먼 어둠에 휩싸인 적도 있었다.

　　　그럼에도 불구하고 나는 날이 갈수록 캠핑이 좋아졌다. 어딘 가의 숙소에 이름 모를 누군가가 썼을지 모르는 이불보다, 언젠가부터 든든하고 향긋한 땅 위에 등을 대고 있는 텐트 안이 훨씬 편안해졌다. 바람소리와 새소리가 꿈으로 인도하는 묘한 밤, 홀로 낯선 곳에서 잠드는 일. 그렇게 깊은 잠을 자고 맞이하는 평온한 아침……. 이것은 직접 해보지 않고서는 절대 알 수 없는 새로운 '치유'의 경험이다. 솔로 캠핑의 기쁨을 아는 사람이야말로 숨은 고수 아닐까 싶다.

　　　캠핑에는 차를 가지고 각종 장비를 떠나는 오토캠핑, 캠핑용 트레일러를 이용해 여행하는 카라바닝도 있다. 사실 구닥다리의 원조 격은 자신의 짐을 직접 짊어지고 단출하게 떠나는 백패킹이다. 내 작은 몸 하나 하루 이틀 건사하기 위해 필요한 물건들은 왜 이리 많은지. 재미난 여행이 짐짝 때문에 거북스러워질 수도 있다. 생각해보면 우리에겐 가족도 마찬가지 아닌가. 서로에게 쉼이 되는 회복의 공동체여야 할 가족도, 왕왕 서로에게 짐이 되며 상처를 준다. 그럼에도 불구하고 자신의 짐을 스스로 지고 인생길을 걷기 시작해야 할 어린 아들과 아빠가, 각자의 등에 가방 하나 지고 손잡고 걷는 모습은 상상만 해도 뿌듯하다. 머쓱해진 우리 가족, 주말에는 짐을 꾸려 자연의 품으로 떠나보자. 아빠 마음 힐링, 자녀 마음 힐링, 그리하여 가족의 회복. 물론 캠핑은 생각보다 쉬운 것이 아니다. 배낭을 지고 가다보면 땀도 삘삘 나고, 주의해야 할 것도, 챙겨야 할 것도 많다. 그렇지만 함께 떠나 허허벌판에 잠을 잘 집을 짓고, 먹을 것을 만들어 나누고, 그 자리를 직접 치우고 몸을 눕히다보면 어린 아이들도 이 험난한 세상에서 스스로 뚜벅뚜벅 걸어가야한다는 것을 조금은 알게 될 것이다. 갓난아이를 보던 경이감은 어느새 사라지고, 이내 무섭고 무뚝뚝한 아빠가 되어버린 한 남자도, 내 아들의 가장 친한 친구가 될 수 있는 기회를 얻게 될 것이다.

집을 짓기 위해 우리에게는 무엇이 필요할까. 사람들은 흔히 캠핑에 오해를 품고 있다. 장비가 훌륭하고 다양할수록 더 신나는 캠핑을 할 거라는 착각이 그것이다. 그래서 초보 캠퍼들은 점점 장비를 늘려가다가 마침내 트렁크에 '테트리스'를 하는 신공을 발휘한다. 하지만 캠핑 고수들은 하나같이 입을 모아 말한다. 결국에는 꼭 필요한 것들만 남기고 점점 정리하게 되더라고 말이다.

텐트를 얹을 수 있는 곳이면 이 땅 모두가 나의 집이다. 너그러운 산속, 말 그대로 산소탱크 안에 앉아 다리 뻗고 쉴 수도 있고, 파도소리를 자장가 삼아 바닷가에서 잠들 수도 있고, 물이 몽돌을 훑고 지나가는 강변에서도 자리를 펼 수 있다. 아무도 찾지 않는 폐교가 우리 모두의 주말 별장이요, 뜻이 있는 손길로 가꾸어진 농장에서는 아이들과 함께 풀꽃 이름도 공부할 수 있다. 가을엔 후두두 떨어지는 밤도 주울 수 있다. 캠핑이라는 녀석, 알면 알수록 참으로 무궁무진하다.

서울에 있는 캠핑장부터 수도권 근교, 그리고 멀리 남도 땅 끝까지. 작심하고 모처럼 떠난 당신과 당신의 가족 혹은 친구와 애인이 고생만 하다 돌아오지 않도록 지금부터 구체적인 안내를 시작하려 한다. 각 캠핑장의 지형적인 특성, 지역에 따라 준비해야 할 것, 유의사항, 홈페이지에는 나와 있지 않은 팁들도 캠핑족에게 직접 듣고, 직접 가서 확인해 담았으니 기대해도 좋다. 캠핑지 주소와 문의처, 가는 법, 이용료, 구비시설 등도 각 캠핑장 마지막에 실었다.

어느덧 가을이 익어간다. 중요한 것은 나와 이 넓은 세상, 나와 내 가족, 그리고 내 자신과의 관계를 회복하는 소중한 시간에 집중하는 것이다. 이제 대자연의 품에 안겨보자. 모든 것과 화해하게 되는 하룻밤, 그 순간의 기쁨을 쉬엄쉬엄 만끽해보자. 그리고 이렇게 외쳐보자. 캠핑은 힐링이라고!

2012년 가을
이윤정

차 례

01

Healing
Camping

가
평

산 넘고 물 건너 오지캠핑

경
반
분
교

서울에서 1시간 거리에 '전기도, 수도도 들
어오지 않는' 오지가 있다. 맑은 계곡에 묻
힌 경반분교 폐교 터는 캠핑객 사이에서 '오
지캠핑장'으로 입소문이 났다.

"빠지직~" 승용차 밑바닥에서 신음소리가 흘러나온다. 돌밭에서 헛바퀴질을 하던 차는 계곡을 두 개쯤 건너자 엔진소리마저 거칠어진다. 서울에서 출발하기 전 경반분교 캠핑장지기는 "승용차로 살살 운전하면 경반분교에 올 수 있다"며 수화기 너머로 호언장담을 했다. 그런데 산길은 점차 험난해지고 '경반분교'는 나타날 기미조차 보이지 않는다. 설상가상 휴대폰도 먹통이다. '수신 불가 지역'이란다. 때마침 산에서 SUV 차량 한 대가 내려온다. 멈춰선 승용차를 본 SUV 차량 운전자는 "승용차로는 못 가요. 경반분교까지 앞으로 20분은 더 올라가야 해요"라고 말한다.

차를 사랑한다면 다시 한번 생각하세요

거친 숨을 몰아쉬던 승용차는 결국 산중턱에 고이(?) 버렸다. 필요한 짐만 챙겨 걸어서 산을 오른다. 칼봉산자연휴양림에서 1.5km 정도만 가면 '경반분교'인데 마음속 거리는 멀기만 하다. 경반분교에 도착하기까지 산길은 종종 물길에 막혀 끊긴다. 다행히 아직 계곡은 발목 정도의 깊이다. 장마가 끝나면 이 길은 차고가 비교적 높은 SUV 차량도 조심조심 지나야 한다. 그래도 차를 버린 덕에 주변 풍경이 눈에 들어온다. 산을 오를수록 물소리는 커지고 들꽃은 화려해진다.

'경반분교'는 불현듯 나타났다. 학교 건물이 보이기 전에 알록달록 텐트가 먼저 눈길을 끈다. 이렇게 '오지'인데도 텐트 10여 동이 자리를 잡았다. 물론 차량은 모두 SUV뿐이다. 4륜구동 차량 운전자라도 '차를 사랑하는 마음'이 크다면 과감하게 포기할 것을 권한다. 승용차 운전자라면 백패킹을 준비해 칼봉산자연휴양림에서 걸어 올라야 한다.

1

2

3

1 ——————
경반분교에 오는 과정은 힘난
하다. 칼봉산자연휴양림에서 거리
상으로는 약 1.5km 정도 떨어져 있
지만 계곡을 건너고 산을 올라야 한
다. 하지만 야영장은 온통 산에 둘
러싸여 날것 그대로의 하룻밤을 선
사한다.

2 ——————
경반분교에서 수락폭포까지 걸
어서 40분 정도 걸린다. 보통사람
들은 쉬엄쉬엄 걸어서 칼봉산 정상
까지 오른다.

3 ——————
경반분교에는 전기와 수도시설
이 없다. 개수대로 흐르는 계곡물을
지나가게 할 뿐이다.

거울 같은 반석, 경반리

경반리는 칼봉산 아래에 자리잡았다. 밝을 경(暻), 소반 반(盤) '밝은 반석' 마을이다. 주민들은 대부분 산 아래 마을에 거한다. 마을 위쪽에는 칼봉산자연휴양림이 있다. 경반분교는 휴양림에서 비포장도로를 따라 차로 30분가량을 올라야 나타난다. 말 그대로 '산 넘고 물 건너'에 경반분교가 있다.

이런 산촌에 어떻게 '학교'가 생겼을까. 1970년대만 해도 경반리 산골에는 100여 가구가 살았다. 화전민이 밭을 일구던 마을이었다. 한때 경반분교에는 80여 명의 학생들이 등하교를 했다. 경반분교는 1982년 폐교했다. 캠핑장지기인 박해붕씨는 1983년 폐교된 학교 터를 샀다. 박씨는 "어머니가 나물 캐러 오던 산에서 '풍광이 좋은 곳'을 발견했다고 해서 보러 왔어요. 경반분교 터를 보자마자 '이곳이다' 싶어 30년째 머물고 있죠"라고 말한다. 마을에 살던 주민들은 "계곡 물소리가 너무 커서 잠이 잘 안 올 정도"라고 말했단다. 현재는 3가구가 산골을 지키고 있다.

4

5

6

4 한때 경반분교에는 80여 명의 학생이 있었다. 1982년 폐교 당시 학생은 3명이 남아 있었다. 지금은 산과 계곡뿐이지만 1970~80년대에는 화전민 100여 가구가 이곳에 마을을 이루고 살았다.

5 수업 시간을 알리던 종. 지금은 사용할 일이 없어 녹이 슬었다.

6 경반분교 바로 앞 계곡. 경반분교 캠핑장지기인 박해붕씨는 "이곳이 강호동씨가 뛰어든 곳이에요"라고 소개한다.

전기도, 수도도 없어요

캠퍼들이 경반분교를 찾기 시작한 것은 4~5년 전부터다. 경반분교에서 하룻밤을 묵은 캠퍼가 블로그에 올린 글이 입소문을 타면서 알음알음 사람들이 찾아왔다. 캠핑장지기는 찾아오는 사람을 막을 수 없어 마당을 내줬다. 차차 소문이 나다가 지상파 방송에서 예능 프로그램을 이곳에서 촬영하면서 '경반분교'는 더욱 유명해졌다.

유명세를 탔지만 경반분교는 변한 것이 없다. 폐교됐을 때와 마찬가지로 전기시설과 수도시설이 없다. 전기가 들어오지 않다 보니 휴대폰 기지국도 없다. 당연히 휴대폰이 터질 리가 없다. 캠핑장지기는 전기가 들어오지 않는 학교 건물에서 촛불을 켜거나 가스 랜턴을 켜고 생활한다. 꼭 필요할 때만 발전기를 돌려 전기를 사용한다.

수도가 들어오지 않으니 야영장도 계곡물을 그대로 사용한다. 계곡물을 개수대에 연결한 것일 뿐 수도꼭지가 없어 물을 잠글 수 없다. 아니, 물을 잠글 필요가 없다. 일반 캠핑장에 비해 불편함이 많은데도 주말마다 경반분교에는 캠퍼들이 몰려든다. 산 넘고 물 건너 '오지'에 고립되는 즐거움은 '도전'하는 자만이 느낄 수 있다.

가평 칼봉산자연휴양림에서 왼편으로 난 비포장도로를 따라 약 1.5km를 운전해서 올라가면 된다. 경반분교까지 계곡을 4~5차례 건너야 한다. 간혹 승용차로도 오는 캠퍼가 있다고는 하나 승용차로는 절대 올라갈 수 없다. 아무리 운전 실력이 좋아도 차 밑바닥이 모두 긁히고 고장 날 수 있다. 4륜구동 차량 운전자여도 차를 아낀다면 포기해야 한다. 칼봉산자연휴양림에서 산길을 따라 올라오는 방법과 연인산 MTB 코스를 따라 오는 방법이 있다. 산길을 따라 오면 계곡을 4~5차례 건너야 한다. MTB 코스는 임도라서 비교적 길이 편하지만 경반분교까지 좁고 험한 길이 이어져 중간 지점에 차를 세우고 300m가량 걸어서 경반분교까지 와야 한다. 내비게이션에는 '경기도 가평군 가평읍 경반리 산 138-1번지'를 입력하면 된다.

칼봉산자연휴양림을 지나면 휴대폰이 잘 터지지 않는다. 휴양림을 지난 1.5km 정도 산길을 올라야 하는데 천천히 차를 운전해서 올라오면 30분가량 걸린다. 경반분교 앞마당이 넓은 편이라 텐트는 20여 동가량 칠 수 있다. 예약은 따로 받지 않는다. 전기가 들어오지 않기 때문에 아날로그 캠핑장비를 준비해야 한다. 수도시설도 없어 계곡물을 그대로 사용한다. 주변에 매점이 없으므로 가평 시내에서 필요한 물품을 모두 사와야 한다. 캠핑료는 1박에 성인 1인당 1만 원씩. 경반분교 바로 옆 계곡이 좋아 여름에는 물놀이를 할 수 있다. 칼봉산 등산로도 가볼 만하다. 031.581.8010

가평 자라섬 캠핑장 vs 연인산

수도권의 산소탱크로 불리는 가평은 '캠핑 성지'로 꼽힌다. 총 15곳에 달하는 가평 캠핑장 중 가평군에서 운영하는 캠핑장만 3곳이다. 그중 닮은 듯 다른 매력을 풍기는 자라섬과 연인산캠핑장에 가봤다.

수도권의 청정지대로 꼽히는 가평. 남으로는 북한강과 청평호반이 시원하게 물길을 내고, 북으로는 화악산, 명지산, 연인산 등 광주산맥이 병풍을 이뤘다. 수도권에 있으면서도 '녹색의 보고'로 불릴 만큼 자연이 훼손되지 않은 곳으로, 한 캠핑객은 가평을 '캠핑의 성지'로 칭했다.

가평이 처음부터 '녹색의 보고'로 각광을 받은 것은 아니다. 오랜 기간 수도권정비계획법, 상수원보호관련법, 군사시설보호법 등 중첩 규제에 묶여 있었다. 수도권에 있으면서도 개발을 할 수 없는 가평의 운명은 기구했다. 지방재정 자립도는 22%에 머물렀다. 그러나 청정한 자연은 가평의 숨통을 틔웠다. 가평의 자연을 찾는 사람이 늘어나기 시작한 것이다. 약 15곳에 이르는 야영장도 가평의 혈류에 자리했다. 그중 2008년 세계캠핑캐라바닝대회가 열린 자라섬과 연인산은 캠핑객이라면 누구나 한 번쯤 거쳐가는 대표 캠핑지로 자리잡았다.

차로 가는 섬 캠핑, 문화가 흐르는 자라섬

자라섬은 언제 가도 기분이 좋다. 드넓게 펼쳐진 잔디가 마음을 녹이고 삼면을 둘러싼 북한강이 잡념을 씻어낸다. 자라섬은 1943년 청평댐이 건설되면서 생겨난 섬이다. '중국섬'이라 불리다 '자라처럼 생긴 언덕'이 있다 하여 1986년부터 '자라섬'으로 불리기 시작했다. 수도권정비계획법상 자연보전권역으로 묶인데다 섬 전체가 하천법의 규제를 받고 있어 건축을 할 수 없는 지역이다. 그래서 건물 대신 텐트와 모빌홈(침대와 부엌을 갖춘 움직이는 집), 카라반(바퀴가 달려 이동이 가능한 캠핑카) 등이 자라섬에 둥지를 틀 수 있었다.

동도, 서도, 중도, 남도 4개 섬 중 오토캠핑장은 고수부지와 서도 일대에 있다. 현재 육지와 연결된 자라섬은 총 283,040m² 면적의 캠핑 사이트를 갖췄다. 1일 수용인원은 1천5백여 명에 이른다. 캠핑장 옆으로는 잔디 광장, 인라인스케이트장, 농구장, 놀이공원, 이화원 등 부대시설이 있다. 또 사계절 온수가 나오는 샤워장과 취사장, 세탁실 등 편의시설도 완벽하다. 동해 망상오토캠핑장, 연천 한탄강오토캠핑장 등과 함께 국내 3대 오토캠핑장으로 꼽힐 만한 최적의 시설이다. 캠핑 사이트는 각 구역마다 자리가 넉넉해 캠핑객 간의 사생활도 어느 정도 지켜준다. 애완동물 출입이 가능해 반려견과 함께 캠핑 오는 가족들의 모습도 볼 수 있다. 단, 그늘이 매우 부족한 단점이 있다. 그래서 여름철 자라섬에서의 캠핑은 타프가 필수품목이다.

자라섬이 유독 돋보이는 건 쾌적한 시설 때문만은 아니다. 매년 가을마다 국내외 유명 재즈 음악가들이 모여드는 '문화섬'이기도 하기 때문이다. 자라섬 국제재즈페스티벌이 열리면 자라섬의 자연은 더욱 빛을 발한다. 연주자, 관객, 캠핑객이 모두 잔디밭에 누워 음악을 즐기고 밤에는 캠핑장에서 야영을 즐기는 이색적인 모습이 연출된다.

1

자라섬은 언제 가도 기분이 좋다. 드넓게 펼쳐진 잔디가 마음을 녹이고 삼면을 둘러싼 북한강이 잡념을 씻어내준다.

2

자라섬오토캠핑장. 잔디가 깔려 있고 각 사이트마다 면적이 넓어 이용하기 좋다.

3

자라섬 국제재즈페스티벌 풍경. 잔디밭에 매트를 깔고 앉아 여유롭게 음악을 듣는다. 연주가와 관객, 음악과 자연이 하나가 된 느낌이다.

눈을 들면 사방이 산, 연인산캠핑장

연인산은 가평군 북면 백둔리에 위치해 있다. 가평읍에서 75번 국도를 타고 다시 연인산도립공원 쪽으로 들어와야 한다. 캠핑장은 연인산도립공원 안에 있다. 오토캠핑 사이트 36동, 모빌홈 14동, 캐빈하우스 6동 등 자라섬캠핑장에 비하면 규모도 아담하다. 그러나 아담한 규모만큼 자연 속에 파묻힌 느낌이 든다. 텐트를 치고 눈을 들면 사방이 산이다. 캠핑장 바로 옆으로는 가평천 상류가 계곡을 형성한다. 여름에는 계곡에서 가재도 심심찮게 잡힌다. 1년에 서너 번 연인산캠핑에 나선다는 문성욱씨는 "사방이 산으로 둘러싸인 느낌이 좋아서 종종 찾는 편입니다. 우리 부부는 이곳에 올 때면 랜턴도 가져오지 않아요. 캠핑장 조명이 각 사이트마다 있어 그 불빛에 의지합니다"라고 말한다. 오토캠핑 사이트에는 평상이 설치돼 있다. 문씨는 "우리처럼 작은 텐트를 가지고 다니는 사람은 평상 위에 텐트를 설치하면 되는데, 대형 텐트와 타프 등은 설치하기 불편할 수도 있겠네요"라고 지적했다. 연인산캠핑장에도 사계절 내내 온수가 나오는 샤워시설이 갖춰져 있다. 취사장에는 가스레인지가 있어 캠핑객이 이용하기 좋다. 한여름에는 캠핑장 그늘이 부족한 단점이 있다.

연인산캠핑장을 찾는다면 연인산 트레킹을 빼놓을 수 없다. 원래 연인산은 화전민이 살던 이름 없는 산이었다. 과거 이곳에서 선남선녀의 사랑이 이뤄졌다 하여 가평군 지명위원회에서 1999년 3월 15일 연인산(1068m)으로 이름지었다. 산은 이름처럼 곱게 가을 옷을 차려입었다. 연인산캠핑장에서 차로 백둔자연학교까지 들어갈 수 있다. 차를 백둔자연학교 인근에 주차하고 장수봉까지 3km인 소망능선이나 5.2km인 장수능선을 걷는 게 좋다. 장수봉에서 연인산 정상까지는 약 0.8km인데 다소 가파른 편이다. 소망능선을 거쳐 연인산 정상에 올랐다가 다시 장수능선으로 내려오는 코스는 왕복 약 10km에 달하기 때문에 시간 계획을 잘 세워야 한다.

4

5

6

4
연인산캠핑장에는 원래 카라반이 있었다가 모두 모빌홈으로 교체됐다. 모빌홈은 바퀴가 달린 움직이는 집인데 내부는 여느 펜션과 크게 다르지 않다.

5
연인산캠핑장에 대한 평가 중 사이트마다 설치된 '평상'이 불편하다는 의견이 지배적이었다. 하지만 작은 텐트의 소유자라면 오히려 평상 위에 텐트를 설치할 수 있어 편하다는 의견도 있다. 각 면마다 조명이 들어와 랜턴을 켜지 않는 캠핑객도 있다.

6
통나무로 이뤄진 모빌홈은 따뜻하고 아늑해 마치 집에 와 있는 기분이다.

카라반, 모빌홈 등 색다른 캠핑은 어때요?

자라섬과 연인산캠핑장은 다른 듯 닮은 구석이 많다. 각각 섬과 산에 위치해 있지만 두 곳 모두 국제 규격에 맞춘 캠핑 사이트를 갖추고 있다. 또 샤워시설 등 부대시설이 잘 갖춰져 있어 사용하기 편리하다. 또 오토캠핑 사이트는 물론 모빌홈, 카라반 등 이색 캠핑을 즐길 수 있는 시설이 갖춰져 있다.

실제 자라섬의 카라반에서, 연인산의 모빌홈에서 하룻밤을 지내봤다. 텐트만큼 '날것'의 느낌은 적지만 나름 이색적인 경험이었다. 카라반은 좁은 캠핑카 안에 2층침대와 1층침대가 짜임새 있게 들어찼고 부엌, 샤워실, 텔레비전 등 없는 게 없다. '호사를 부리는 캠핑'의 느낌이다. 모빌홈은 이동할 수 있도록 바퀴가 달린 집인데 내부는 여느 펜션과 크게 다르지 않다. 통나무로 이뤄진 모빌홈은 따뜻하고 아늑해 마치 집에 와 있는 기분이다. 문을 열고 나가면 자연이 펼쳐진다는 사실에 놀라기도 한다. 밤에는 모빌홈 밖에 설치된 화덕에서 숯불요리를 해 먹는 호사스러움이 캠핑의 낭만을 더한다.

자라섬

🚐 서울 동서울터미널, 센트럴시티터미널에서 가평 경유 춘천행 버스 탑승 후 가평에서 하차하면 된다. 기차편으로는 청량리역에서 경춘선 탑승 후 가평역에서 내리면 된다. 자라섬까지 도보로 10분 정도 걸린다. 승용차로 올 경우, 서울~강변북로~도농 삼거리(춘천, 청평 방면)~평내/마석~새터 삼거리~대성리~청평~가평읍 진입 전 SK주유소에서 자라섬/남이섬 방면~50m 지나 좌회전하면 자라섬캠프장 입구가 보인다. 내비게이션에는 '경기도 가평군 가평읍 달전리 산7번지'를 입력하면 된다.

⛺ 오토캠핑장과 카라반 사이트를 합쳐 400동 이상 / 화장실 3곳(좌변기) / 식수대 3곳 / 샤워장에서 사계절 온수 사용 가능 / 매점에서는 식음료만 판매하므로 가평읍 대형마트를 이용할 것 / 전기는 이용료를 내면 사용 가능 / 이화원, 다목적 운동장, 인라인스케이트장, 자전거 대여점, 농구장, 수상레포츠, 산책로 등의 부대시설이 있음 / 가평읍에서 5분 거리

✛✛ 오토캠핑장이 1박에 1만5천 원이다. 카라반(캠핑카)은 평일 6만 원, 주말 10만 원, 성수기 12만 원, 모빌홈(이동식 집)은 평일 7만 원, 주말 11만 원, 성수기 14만 원이다. 여름에는 그늘이 부족하기 때문에 개방성이 좋은 타프(개방형 텐트 또는 방수포 천막)를 꼭 준비해야 한다. 10월에는 자라섬 국제재즈페스티벌이, 1월에는 씽씽겨울바람축제가 열린다. 인근 남이섬, 용추계곡, 청평호 드라이브, 수상 레저 스포츠 등을 여행 계획에 참고하는 것도 좋다.

연인산

🚐 서울-춘천고속도로를 달리다 화도IC로 빠져 46번 국도를 이용해 가평 시내로 진입, 75번 국도를 따라 북면 적목리로 가다 백둔교를 건너 8분 동안 진행하면 연인산다목적캠핑장 팻말이 보인다. 내비게이션에는 '경기도 가평군 북면 백둔리 357'을 입력하면 된다.

⛺ 오토캠핑 36동, 모빌홈 14동, 캐빈하우스 6동 / 화장실 2곳(좌변기) / 식수대 2곳 / 샤워장에서 사계절 온수 사용 가능, 시간 제한 없음 / 인근에 작은 매점이 있지만 밤늦게까지 운영하지 않음. 가평읍에서 들어올 때 필요한 것을 미리 구매해야 함 / 화장실에서 전기를 끌어와야 함 / 다목적 강당, 다목적 운동장 등의 부대시설이 있음, 캠핑장 인근에 연인산 트레킹 코스가 있음 / 가평읍에서 차로 20분 거리

✛✛ 오토캠핑장이 1박에 1만 원이다. 카라반(캠핑카)은 모빌홈으로 교체됐다. 모빌홈은 평일 6만 원, 주말 9만 원, 성수기 12만 원, 캐빈 하우스는 종류별 12~20만 원으로 이용요금이 각각 다르다. 여름에는 그늘이 부족하기 때문에 개방성이 좋은 타프를 꼭 준비해야 한다. 캠핑면마다 평상이 설치돼 있는데 불편하다는 의견과 편하다는 의견 둘 다 맞다. 작은 텐트일 경우 평상 위에 설치하면 된다. 텐트가 클 경우 주차면에 타프를 설치하는 등 공간 활용에 유의해야 한다.

강릉

옥계해수욕장

송림이 숨긴 옥빛바다

야영장

여름 한철 전국 해수욕장에는 야영장이 생
긴다. 해수욕장 개장에 맞춰 피서객에게 야
영을 허용하기 때문이다. 그중 옥빛바다를
자랑하는 옥계해수욕장에 머물렀다.

강릉은 대관령을 병풍삼고 동해를 마당처럼 안고 있다. 그래서 여름
이면 전국에서 관광객이 모여든다. 유명한 해수욕장에는 발 디딜 틈
없이 인파가 모이는데, 옥계면에 위치한 옥계해수욕장은 아는 사람
만 조용히 머물다 가는 곳이다. '은빛'으로 반짝이는 모래사장을 소
나무숲이 감싸고 있어 야영장으로도 손색이 없다.

선조의 지혜가 담긴 소나무숲

옥계해수욕장으로 가는 길, 바다는 가려져 있다. 높이 10m에 달하는 소나무들이 바다를 숨겼기 때문이다. 2만m² 규모의 해변에는 소나무가 띠를 둘렀다. 숲 안쪽 은빛모래는 투명한 바다를 더욱 돋보이게 한다. 옥색 시냇가라는 뜻의 옥계(玉溪) 이름처럼 청명한 풍경이다.

옥계 해변이 돋보이는 이유는 푸르른 소나무숲 덕분이다. 물론 자생적으로 숲이 생겨난 건 아니다. 약 160년 전 큰 해일이 일어 바닷가 안쪽 180m까지 수해를 입었다. 마을이 피폐해질 정도로 피해가 극심했다. 그때부터 옥계 주민들은 해변을 따라 소나무를 심기 시작했다. 현재는 늠름한 소나무숲이 방풍림의 역할까지 담당한다. 여름이면 소나무그늘 아래 야영장이 조성된다.

1 ─────────
소나무숲 아래 바로 텐트를 칠 수 있다. 그늘 아래 텐트를 치면 시원한 바람이 불어와 더위를 잊게 한다.

2 ─────────
요즘에는 캠핑 트레일러를 이용하는 캠핑객이 많아졌다. 트레일러를 중심으로 꾸민 공간에서 소녀들이 즐거운 시간을 보낸다.

3 ─────────
김찬칠씨는 학창 시절부터 캠핑을 즐겼다. 4년 전부터는 매 주말 캠핑을 나온다. 조용히 자연을 만끽하는 솔로 캠핑도 매력적이라고 말한다.

여름에만 운영되는 해수욕장 야영장

여름이 되면 전국 야영장 수는 늘어난다. 여름에만 한시적으로 해수욕장에서 야영을 허용하기 때문인데, 옥계해수욕장도 그중 한 곳이다. 주민들이 직접 야영장을 관리 운영한다. 샤워장과 개수대 등 기본적인 야영시설이 갖춰졌다. 온수와 전기를 사용할 수 없지만 드넓은 백사장을 바로 앞에 둔 야영장은 흔치 않다. 특히 소나무그늘 아래 텐트를 치면 시원한 바닷바람이 더위를 잊게 해준다.

옥계해수욕장 인근에는 유명한 관광지가 포진하고 있다. 남쪽으로 4km 떨어져 있는 망상오토캠핑리조트는 국내 3대 오토캠핑장 중 하나로 꼽힐 정도로 유명하다. 옥계캠핑장은 깨끗한 바다를 끼고 있으면서도 인파가 많이 몰리지 않아 여유롭게 야영하기 좋다. 200동 이상의 텐트를 수용할 정도로 규모도 크다. 봄·가을에는 공식적으로 야영이 허용되지는 않지만 알음알음 바닷가 야영을 즐기기 위해 마니아들이 찾곤 한다.

4 5

6

4 ———
옥계해수욕장 모래는 곱디곱
다. 은빛으로 반짝이던 모래는 바닷
물이 닿으면 금빛으로 변한다. 나도
모르게 신발을 벗고 거닐게 된다.

5 ———
해풍을 막기 위해 조성된 송림이
옥계해수욕장 주변을 감싸고 있다.

6 ———
옥계해수욕장에서도 해상 스포
츠를 즐길 수 있다. 모터보트나 바
나나보트 등을 타는 관광객도 눈에
띈다.

낮에는 아웃도어 활동을, 밤에는 캠핑을……

캠핑 마니아에게 여름캠핑은 오히려 불편할 때가 많다. 타프를 치더라도 내리쬐는 땡볕을 견디기 쉽지 않기 때문이다. 그러다보니 낮에 아웃도어 활동을 즐길 수 있는 곳이 여름캠핑의 적당한 장소다. 이준강씨 가족은 첫 캠핑으로 옥계해수욕장을 택했다. 평소 펜션이나 호텔에서 휴가를 보내다가 처음으로 야영을 온 느낌은 특별했다. 이씨는 "직접 야외에서 밥을 해먹고 가족과 텐트에서 자는 것 자체가 즐겁습니다. 특히 낮에 바닷가에서 더위를 식힐 수 있어 좋습니다" 라고 말한다.

　　학창 시절부터 캠핑을 다니기 시작한 김찬칠씨는 베테랑 캠퍼다. 평소 등산을 즐길 수 있는 곳으로 야영을 다니지만 여름캠핑을 즐기기 위해 옥계해수욕장을 찾았다. 김씨는 "바닷가는 바람이 많이 불고 땅이 무른 경우가 많아 샌드팩을 따로 챙기는 것이 좋습니다"라고 조언한다.

영동고속도로 강릉JC에서 동해안고속도로로 갈아타 옥계IC에서 나오면 된다. 차가 막히지 않을 때 서울에서 3시간이면 넉넉하다. 고속버스는 동서울터미널에서 동해행을 타고 동해시외버스터미널에서 91번 좌석버스를 타면 된다(옥계는 강릉시보다 동해시에서 가깝다). 기차는 청량리역에서 정동진까지 하루 6회 운행하며 정동진에서 옥계까지는 버스만 운행한다. 내비게이션에는 '강릉시 옥계면 금진리 산 105-10'을 입력하면 된다.

옥계해수욕장 개장 기간에만 야영장이 운영된다. 주민들이 직접 개수대, 샤워 시설 등을 관리한다. 온수와 전기를 사용할 수 없는 점이 불편하다. 텐트만 치면 1박에 1만 원, 타프까지 치면 1박에 1만5천 원이다. 해수욕장이 폐장하고 난 뒤에는 무료로 야영장이 운영된다. 단 개수대, 화장실 등의 사용이 불편할 수 있다.

강화

나 를 낮 추 고 들 어 선 길 에 서 힐 링 을 누 리 다

야영장

삼별초

강화 나들길은 '나들이'하듯 가뿐하게 찾는 길이다. 그러나 역사와 자연이 잘 버무려진 나들길을 걷다보면 절로 '나'를 낮추고 삶으로 '들'어서게 된다.

길은 삶의 축소판이다. 인생의 희로애락이 고스란히 길에 담겨 있다. 길을 걷다보면 시원한 그늘 아래 찬란한 풍광을 만날 때도 있지만 뙤약볕에 노출된 채 힘겹게 오르막을 올라야할 때도 있다. 그래서 걷기 여행은 삶을 돌아보는 순례로 이어진다. 여기 '나'를 낮추고 '들'어서는 '길'이 있다. 강화의 속살을 따라 130여km로 이어진 '나들길'은 자연과 역사가 잘 버무려진 맛깔나는 밥상이다. 이 길 위에 여장을 풀었다.

밀물과 썰물이 드나드는 길

강화는 한민족의 시작점이자 항쟁의 요새요, 근대의 포문이다. 소풍하듯 '나들이' 오라는 이름과는 달리 나들길은 강화의 역사를 온몸으로 체험하는 길이다. 나들길을 개발한 강화조형예술연구소 김은미 대표는 "나들길은 밀물, 썰물이 드나드는 길"이라 말한다. 동시에 "자연 속에서 인간의 오만을 내려놓을 수 있도록 '나'를 낮추고 '들'어서는 '길'이 나들길"이라고 덧붙인다.

　　　　강화 나들길은 대부분의 코스가 15km가 넘고 긴 곳은 23km나 된다. 걷기 코스라며 만만하게 볼 수 없는 이유다. 아직 이정표가 제대로 돼 있지 않아 길을 찾기 어려운 곳도 많다. 그늘이 없는 길도 태반이다. 모자와 양산을 준비하라는 조언도 종종 듣는다.

　　　　나들길 걷기는 '여권'과 '지도'를 챙기는 것에서 시작한다. 강화에 들어서면 '강화역사관'을 찾아 무료로 나눠주는 여권과 지도를 챙긴다. 어느 코스를 걸을지, 어느 지점에서 여장을 풀지 미리 계획을 세워야 한다. 제5코스 고비고갯길에는 '삼별초야영장'이 있다. 이곳에 텐트를 내려놓고 쉬엄쉬엄 옛길을 따라 나서기로 했다.

1

2

3

1 ——————
　가을만큼 걷기 좋은 계절이 있을까. 나들길의 코스모스가 발길을 재촉한다.

2 ——————
　갑곶돈대 관광안내소에서 여권과 지도를 받았다. '도보여권 기념도장 받는 곳' 간판이 있는 편의점에서 여권과 안내지도를 받을 수 있다.

3 ——————
　야영장 앞 논이 노랗게 물들었다. 가을의 들판은 곱디곱다.

고비고갯길 속 '삼별초야영장'

5코스는 고비고갯길이라 불리는 옛길이다. 강화를 동서로 연결하는 20.2km. 나무와 등짐을 지고 넘던 고갯길, 2개의 저수지를 도는 풍경길, 삼림욕장을 지나는 숲길 등 다양한 길이 혼재한다. 강화버스터미널에서 시작해 국화저수지, 고천리 고인돌, 내가저수지, 덕산 산림욕장, 망양돈대를 거쳐 외포 선착장까지 꼬박 6시간을 넘게 걸어야 한다. 산림욕장 숲길 등을 제외하면 그늘이 넉넉하지 않다. 찻길을 따라 걸어야 하는 코스도 많다.

고비고갯길 속 쉼을 얻을 수 있는 곳이 '삼별초야영장'이다. 삼별초야영장은 1997년 내가면 고천리에 청소년수련시설로 문을 열었다. 강화 토박이인 이용선 사장은 "이곳이 삼별초 항쟁지니까 청소년들이 '호연지기'를 키울 수 있도록 이름을 '삼별초'라 지었다"고 말한다. 3년 전 수련시설은 오토캠핑장으로 문을 열었다. 1만 평이나 되는 부지가 '오토캠핑장'으로 적합했기 때문이다.

4

5    6

4 　야영장은 위쪽으로 갈수록 정취가 좋아진다. 차를 가까이 댈 수 없는 사이트도 있기 때문에 최대한 빨리 와서 좋은 자리를 선점하는 게 중요하다.

5 　삼별초야영장은 아래쪽 사이트일수록 옆 텐트와의 거리가 짧다. 위쪽 사이트로 갈수록 가족들끼리 오붓하게 지낼 수 있는 공간이 나온다.

6 　5코스인 고비고갯길에서 덕산산림욕장 구간에 들어섰다. 시원한 나무그늘과 푹신한 흙길이 반갑다.

텐트를 내려놓고 강화 일몰 속으로

120동이 들어올 수 있는 삼별초야영장은 예약제가 아니라 선착순으로 운영된다. 토요일 오전에는 100여 동이 꽉 찬다. 좋은 자리를 맡으려면 금요일부터 서둘러 와야 한다. 영지는 모두 5구역으로 나뉜다. 1구역은 여느 오토캠핑장처럼 평지에 차를 주차하고 바로 옆에 텐트를 칠 수 있다. 위로 올라갈수록 차와 텐트의 거리는 멀어진다. 산속에 텐트 한 동씩 칠 수 있도록 마련한 사이트도 많다. 단독 사이트는 차를 아래에 두고 장비를 옮겨야 한다. 무거운 장비보다 가뿐하게 쓸 수 있는 장비를 준비하는 것이 좋다. 숲속 사이트까지 전기를 사용할 수 있고 온수 샤워실, 개수대, 화장실 등 시설도 깨끗하다. 야외 수영장은 여름캠핑 즐길거리 중 하나. 이렇게 토요일 오전 중으로 텐트를 쳐놓고 다시 나들길 산책에 나서야 한다. 강화의 일몰을 보기 위해서이다.

5코스의 마지막 지점은 외포리 선착장이다. 시간을 잘 안배해 일몰에 맞춰 바다에 다다르는 것이 좋다. 망양돈대는 강화의 석양을 제대로 만끽할 수 있는 지점이다. 잿빛 갯벌 위로 시뻘건 해가 강화의 하늘을 울리는 순간, 나들길을 걷던 이들은 걸음을 멈추고 대자연의 인사에 고개를 숙인다.

■ 내비게이션에는 '삼별초야영장' 또는 '강화군 내가면 고천리 293-10'을 입력하면 된다. 강화 나들길 5코스는 '고비고갯길'이라 불린다. 강화버스터미널에서 시작해-남문(0.3km)-서문(0.6km)-국화저수지(3.5km)-홍릉(4.9km)-삼별초야영장-오상리고인돌군(3.4km)-내가시장(0.8km)-덕산산림욕장(3.5km)-곶창굿당(1.2km)-망양돈대(1km)-외포 선착장까지 총 20.2km다. 소요시간은 6시간 40분 정도다.

▲ 야영장에는 모두 120동이 들어선다. 예약제가 아니고 선착순이므로 좋은 자리를 잡고 싶다면 서두를 것. 야영비는 전기 사용료를 포함해 4인 기준 2만 원. 여름철 야외 수영장은 1인당 5천 원에 이용할 수 있다. 전기, 온수 등 사용 가능. 장작과 간단한 먹을거리도 야영장에서 판매한다. 산속 사이트는 차를 두고 텐트를 옮겨야 하기 때문에 불편함을 감수해야 하지만 전체적으로 사생활이 존중될 만큼 사이트가 넉넉한 것이 장점이다. 나무그늘이 드리워 타프가 필요 없는 것도 있지만 평지 사이트는 타프가 필수. 032.933.0400 / 강화나들길 코스 정보 www.trekking.go.kr

강화
야영장

함허동천

배낭 하나에 일상을 털 다

함
허
동
천

가족과 함께하는 캠핑도 좋지만, 때로는 혼자 홀홀 일상을 털어버리고 싶은 때가 있다. 야영장비를 배낭 하나에 털어 넣고 마니산 함허동천에 올랐다. 힐링의 시작.

오토캠핑이 각광을 받는 요즘 '불편함'을 자처하는 이들이 있다. 홀홀 털어버린 일상을 가방에 넣은 채 혼자 나만의 캠핑장으로 떠나는 사람들. 바로 '백패킹족'이 그들이다. '야영생활에 필요한 장비를 갖추고 떠나는 등짐여행'인 백패킹(backpacking)은 등산과 트레킹을 모두 즐길 수 있다는 장점이 있다. 그러나 장비를 가방 하나에 의지해야 하다 보니 쉽게 발이 떨어지지 않는다. 그래서 백패킹족에게 추천을 받았다. 백패킹을 처음 한다면 이곳을 찾아라. 바로 강화군 마니산 자락에 위치한 함허동천야영장이다.

손수레와 배낭, 야영장 오르는 길

주차장에서부터 진풍경이 펼쳐진다. 어디선가 등장한 손수레, 일명 '리어카'가 눈에 띈다. 주차장부터 등산로 입구까지 100여 m. 무거운 오토캠핑 장비를 준비한 캠핑객은 여간 난처한 게 아니다. 한번에 짐을 싣지 못하면 손수레로 오가기를 몇 차례. 텐트를 치기도 전에 이마엔 구슬땀이 맺힌다.

손수레가 난무하는 틈 사이로 배낭을 멘 캠핑객이 산길을 오른다. 유유자적 길을 나선 김충식씨는 나홀로 캠핑족이다. "아침 일찍 텐트를 쳐놓고 산을 올라요. 가족과 캠핑도 좋지만, 가끔은 혼자만의 시간이 필요하거든요"라며 발길을 재촉한다. 백패킹족은 사람들의 발길이 잘 닿지 않는 아늑한 곳에 텐트를 친다. 마니산이 만든 천연 침실에 잠시 잠깐 일상을 묻어둔다.

함허동천야영장은 산 아래 주차장에 차를 세우고 매표소까지 손수레로 짐을 날라야 한다. 매표소에서 산 위 1km까지 야영장 4곳이 펼쳐진다. 매표소 바로 앞에 위치한 제1야영장에는 오토캠핑객이 주로 묵는다. 장비 나르는 부담이 적기 때문이다. 계곡길을 따라 발길을 옮기면 차례로 야영장이 나타난다. 조용한 곳을 선호한다면 제3야영장이 좋다. 4개 야영장에 모두 80개의 평상이 설치돼 있지만 평지에 텐트를 설치하는 사람도 많다. 한여름이면 200동이 넘는 텐트가 함허동천야영장을 물들인다.

1

2

1 ———————
테트를 치도록 설치해놓은 평상
에 등산객이 앉아 휴식을 취하고 있
다. 희뿌옇게 안개가 온 산을 뒤덮
었지만 가을 끝자락 색동옷을 곱게
입은 단풍의 자태는 감추지 못한다.

2 ———————
손수레로 캠핑장비를 날라야
하는 불편함이 있지만 함허동천야
영장은 자연 속에 폭 파묻힌 느낌이
든다.

구름 한 점 없이 맑은 하늘에 잠겨 있는 곳, 함허동천

함허동천(涵虛洞天)은 '구름 한 점 없이 맑은 하늘에 잠겨 있는 곳'이라는 뜻이다. '함허'는 조선 전기의 승려 기화(己和)의 당호이다. 마니산 계곡에서 수도를 하던 기화가 마니산에 정수사를 중수한 사실은 익히 알려진 이야기. 계곡 너럭바위에 기화가 직접 새긴 '함허동천(涵虛洞天)' 글자는 지금도 찾아볼 수 있다.

함허동천야영장은 1988년 7월 처음 문을 열었다. 계곡길을 따라 펼쳐진 야영장에 몸을 누이면 산과 계곡에 잠겨 있는 느낌이다. 암반과 나무가 적절히 어우러진 마니산 자락이 아늑한 캠핑장을 선사하기 때문이다. 매주 함허동천에서 야영을 즐기는 김애라씨 가족은 "집이 인천이라 야영장이 가까워서 좋고요. 자연에 폭 파묻힌 이 느낌도 다른 곳과는 차별화된 매력이에요"라고 말한다. 야영장 곳곳에는 취사장을 비롯해 족구장, 놀이마당 등이 갖춰져 있다. 야유회 장소로 함허동천을 찾는 사람도 많다. 수도권과 가까운데다 다목적 광장이 있어 단체행사에도 종종 이용된다.

3　4

5

3
　'함허'는 조선 전기의 승려 기화의 당호다. 마니산 계곡에서 수도를 하던 기화가 마니산에 정수사를 중수한 사실은 익히 알려진 이야기다. 계곡 너럭바위에 기화가 직접 새긴 '함허동천(涵虛洞天)' 글자는 지금도 찾아볼 수 있다. 강화군 시설관리공단 제공.

4
　야영장에서 마니산 정상까지 흙길로 된 잔잔한 등산로가 부드럽게 안내하는가 싶더니 이내 바위가 불쑥 불쑥 나타난다. 부드러운 곡선미를 지닌 암릉이 날카로운 산세로 변했다가 다시 뽀송뽀송한 흙과 낙엽이 등산객의 용기를 북돋는다. '근육질에 숨겨진 부드러운 산심(山心)'이 느껴진다.

5
　캠핑을 다니면 제일 많이 받는 질문이 '뭐가 좋냐'는 것이다. 저렇게 우거진 낙엽 속에 파묻혀 하룻밤을 지낸다는 것 자체가 좋다. 자연을 눈에 담는 것이 아니라 몸과 마음에 담아가는 느낌이다.

근육질 산맥에 숨겨진 꽃등산로

함허동천야영장은 마니산 등산로와 바로 연결된다. 야영장에서 천천히 2시간 정도 걸으면 마니산 정상(469.4m)인 참성단에 닿는다. 두악산(頭嶽山), 또는 마리산으로도 불린 마니산은 '머리'를 뜻하는 이름처럼 민족의 영산으로 일컬어져 왔다. 단군왕검이 하늘에 제사를 위해 쌓았다는 참성단까지의 등산로는 모두 3코스이다. 야영장에서 정상을 거쳐 918계단을 따라 화도면까지 내려오는 1코스, 정상에서 단군로를 따라 372개 나무계단으로 화도면까지 내려오는 2코스, 정수사에서 함허동천 등산로를 거쳐 화도면으로 내려오는 3코스이다.

　　　야영장에서 정상까지 직접 걸어봤다. 흙길로 된 잔잔한 등산로가 부드럽게 안내하는가 싶더니 이내 바위가 불쑥 불쑥 나타난다. 부드러운 곡선미를 지닌 암릉이 날카로운 산세로 변했다가 다시 뽀송뽀송한 흙과 낙엽이 등산객의 용기를 북돋아준다. '근육질에 숨겨진 부드러운 산심(山心)'이 느껴진다.

　　　친구 3명이 함께 캠핑을 나선 이상규씨 일행은 최소한의 장비만 꾸려 캠핑에 나섰다. 주목적은 '등산'이다. 이씨는 "주말 내내 집에 있으면 TV 리모컨으로 채널 돌리는 게 일이거든요. 그런데 이렇게 나오면 등산도 하고 캠핑도 하고 몸이 절로 건강해지는 느낌입니다"라고 말하며 마니산 등산로에 몸을 던진다.

행주대교 남단에서 김포 방향 48번 국도를 탄다. 김포 시내를 통과해 누산 사거리에서 352번 지방도로로 빠진다. 초지대교를 건너 강화군 온수리까지 연결된다. 초지 입구 삼거리에서 우회전하여 가다보면 전등사가 나타나는데 전등사 주차장을 끼고 좌회전해 강화장 150m 전방에서 우측 길에 접어든다. 길상과 화도를 연결하는 다리인 길화교를 지나면 함허동천야영장 표지판이 보인다. 내비게이션에는 '인천광역시 강화군 화도면 사기리 340-5'를 입력하면 된다.

함허동천야영장은 매표소에서 오르막길로 1km 구간에 총 4곳이 이어진다. 화장실 6곳, 취사장 6곳, 족구장 4곳, 매점 1곳, 식당 1곳 등의 부대시설이 있다. 화장실과 취사장은 깨끗한 편. 샤워시설은 여름에만 이용할 수 있다. 시설이용료는 마니산 입장료 어른 1천5백 원, 어린이 500원을 내며 텐트 1동당 1만 원이다. 제1야영장 전기가 들어오는 평상 4곳은 각각 이용료가 1만 원이다. 예약제가 아닌 선착순 입장이므로 전기 사이트를 맡으려면 서둘러야 한다. 야영장비가 많다면 매표소와 가까운 제1야영장에 텐트를 치는 것이 좋다. 백패킹을 하기 위해 조용한 곳을 찾는다면 제3야영장이 좋다. 1박을 하지 않고 등산만 하려면 마니산 입장료만 내면 된다. 연간 21만5천여 명이 마니산을 찾는다. 032.930.7066

주차요금은 무료이나 주말에는 등산 인파가 몰려 주차장이 만석이다. 주말 캠핑을 즐기려면 아침 일찍 서두르는 것이 좋다. 함허동천 야영시 등산은 빼놓을 수 없는 코스다. 이 외에도 전등사, 광성보, 초지진, 동막해수욕장, 황산도 갯벌 등 볼거리가 다양하다.

거제
사등

큰 섬 푸른 바다

오토캠핑장

우리 땅 남쪽에도 캠핑장이 속속 생겨나고 있다. 거제 사등오토캠핑장은 푸른 바다가 내려다보이는 곳에 위치했다.

자그르르르, 자그르……. 몽돌 사이로 파도가 빠져나간다. 거제 바다는 돌을 간질이듯 해변을 드나든다. 학동 여차몽돌해변을 돌아 거제 일주를 해본다. 우리나라에서 제주 다음으로 큰 섬인 거제. 큰 섬은 넉넉한 품으로 푸른 바다를 안았다. 거제에는 벌써 4~5곳의 캠핑장이 들어섰다. 먼저 거제 사등오토캠핑장을 찾았다.

모래가 많은 땅, 사등(沙等)

사등면은 거제의 서쪽 관문이다. 서쪽으로는 통영이, 동쪽에는 삼성 중공업 등 대단위 산업시설이 들어왔다. 본래 거제의 다른 땅보다 '모래'가 많아 사등(沙等)으로 불렸는데, 심형수씨가 거제에 들어온 것은 13년 전이다. 농사를 짓던 조용한 마을에 땅을 사 '전세기리조트'를 만들었다. 리조트에는 찜질방, 숙소, 운동시설 등을 만들었다. 심씨는 5년 전 몇만 평이 되는 리조트에 '캠핑장'을 해보면 어떨까 하는 생각에 '사등오토캠핑장'을 열었다. 여름에는 텐트가 250동이 들어설 정도로 반응이 좋았다. 한겨울에도 10팀 정도가 캠핑을 온다. 심씨는 "여름에는 거제로 휴가를 오는 행락객이 많지만 겨울 캠퍼는 대부분 마니아예요. 조용히 자연을 즐기면서 캠핑을 하다 가죠"라고 말한다.

1 ——————
계단식으로 형성된 사등오토캠 핑장. 위쪽 사이트에서 보면 바다가 한눈에 들어온다.

2 ——————
사등오토캠핑장은 전기와 온수를 사용할 수 있다. 따로 사용료를 받지 않고 1박 캠핑료 2만 원에 포함된다.

3 ——————
캠핑장은 원래 13년 전부터 찜 질방으로 문을 열었다. 5년 전 리조트 공터에 캠핑장이 조성됐다. 캠핑객에게는 찜질방 이용료를 할인해 준다.

바다를 조망하는 곳

사등오토캠핑장의 가장 큰 장점은 바다를 내려다보는 '조망'에 있다. 사실 사등오토캠핑장은 바다와 3km 정도 떨어져 있다. 그러나 캠핑장이 비교적 높은 곳에 있어 텐트를 치면 바다가 내려다보인다. 사등오토캠핑장 인근에 거제시 요트장이 있다. 여름이면 해수욕을 즐길 수 있다. 캠핑장에서 더 멀리 내려다보이는 바다에는 삼성중공업 등 대규모 산업시설이 들어섰다.

캠핑장에서 남쪽으로 내려오면 거제 시내다. 인근에는 거제도 포로수용소유적공원이 들어섰다. 1950년 9월 15일의 인천상륙작전으로 많은 포로가 생기자 그 해 11월27일 거제도 1180여 만 m²(360만 평)에 포로수용소가 설치됐다. 인민군 15만 명, 중공군 2만 명, 여자 포로와 의용군 3천 명 등 17만3천 명이 거제에 수용됐다. 포로수용소유적공원에는 당시 생활상이 잘 복원돼 있다.

4

5

6

4 ——— 캠핑장에서 보면 삼성중공업 거제조선소 방면 바다가 보인다. 인근에는 여름에 해수욕을 할 수 있는 거제시 요트장이 있다.

5 ——— 캠핑장에서 시청 방면으로 내려오면 거제 포로수용소유적공원이 있다.

6 ——— 사등오토캠핑장 사이트는 총 4층의 계단식으로 구성됐다. 가장 위쪽 사이트에는 트레일러 12대가 있다.

층층 캠핑장, 찜질방도 있어요

사등오토캠핑장은 계단식으로 구성돼 있다. 총 4개의 큰 계단으로 생각하면 되는데, 1, 2층은 너른 들판처럼 생겼다. 차를 옆에 세우고 넉넉하게 사이트를 이용할 수 있다. 1층은 샤워실, 화장실 등의 건물이 바로 옆에 위치해 있다. 간단하게 축구를 즐길 수도 있다. 3층 사이트에는 나무데크가 설치돼 있다. 1, 2층보다는 공간이 넓지 않다. 데크도 큰 텐트를 치기에는 조금 작다. 중간 정도 크기의 텐트를 치기에 적합하다. 4층에는 캠핑 트레일러 12대가 설치돼 있다. 주말에는 트레일러 예약이 꽉 찰 정도로 인기가 많은데, 전망도 3, 4층에 올라와야 더 좋다. 사등면 앞바다가 시원하게 내려다보인다. 3, 4층 옆에는 찜질방이 있다. 캠핑객에게는 찜질방 사용료를 할인해준다. 캠핑장의 단점도 있다. 우선 전체적으로 그늘이 부족하다. 여름철에는 타프가 필수다. 또 바닥은 다소 질은 모래땅이다. 물 빠짐이 좋지 않을 수 있다. 텐트 바닥을 깔끔하게 유지하려면 3층 데크 사이트를 이용하는 것이 좋다.

통영 방면에서 온다면 거제대교나 신거제대교를 건너 14번 국도를 타고 온다. 성내마을을 지나서 표지판을 보고 언덕길을 올라오면 된다. 부산 방면에서는 거가대교를 건너 거제시청 방면으로 온다. 다시 14번 국도를 타고 죽도국가산업단지를 지나 표지판을 보고 캠핑장으로 올라오면 된다. 내비게이션에는 '경남 거제시 사등면 산 58번지'를 입력하면 된다.

캠핑장은 계단식으로 구성돼 있다. 모두 4개 층으로 되어 있는데 1, 2층은 너른 마당 형식으로 되어 있다. 1층 옆쪽에 샤워실, 화장실 등이 있는 건물이 있다. 3층에는 데크가 설치돼 있고 옆쪽에 찜질방 등 부대시설이 있다. 4층에는 캠핑 트레일러 12대가 설치됐다. 전기, 온수 사용 가능. 캠핑요금은 1박에 2만 원이다. 전기료는 따로 받지 않는다. 트레일러 이용요금은 평일 8만 원, 주말 10만 원. 찜질방 이용료는 1인당 5천 원. 캠핑객에게는 1인당 3천 원으로 할인해준다. 캠핑장 지대가 높아 바다가 내려다보인다. 그늘이 없고 땅이 질어 물 빠짐이 안 좋은 점이 단점. 최대 250동까지 텐트를 칠 수 있다. 얼마 전 5층 사이트를 열어 500동까지 수용 가능하다. 예약은 받지 않는다. 선착순 입장. 055.636.3727

거
제

섬 에 서 즐 기 는 숲 캠 핑

야 자
영 연
장 휴
　 양
　 림

바다가 아름다운 섬 거제는 '산'이 많은 섬

이기도 하다. 거제자연휴양림의 숲속에 텐

트를 펼쳤다.

큰 섬 거제는 '바다' 풍경만큼 산세가 아름다운 곳이다. 거제의 큰 산은 어림잡아 10곳 정도 된다. 지도를 펴놓고 보면 해안가 몇몇 곳을 빼곤 모두 산이 들어섰다. 이쯤 되면 거제는 하나의 거대한 산으로 봐야 하는데, 거제 남쪽에 위치한 노자산은 해발 565m로 높지는 않지만 울창한 숲과 바다를 조망하는 풍경이 빼어난 산이다. 노자산에 위치한 거제자연휴양림에서 '섬 속 숲' 캠핑을 청한다.

노자산 속 '쉼'을 얻어요

불로초와 절경이 어우러져 늙지 않고 신선이 된 산. 노자산(老子山)은 높지는 않지만 울창한 숲이 아늑한 쉼을 주는 산이다. 거제자연휴양림은 노자산 중턱 120ha(헥타르)에 걸쳐 조성됐다. 단풍나무, 참나무, 고로쇠나무, 노각나무 등의 활엽수가 휴양림을 에워쌌다. 휴양림 안에는 사람들이 쉬어갈 수 있도록 숲속의 집, 산림문화휴양관, 수련장 등의 시설이 들어서 있다.

하지만 노자산을 가장 잘 느끼기에는 야영만한 것이 없다. 휴양림 숲속에는 야영데크 38곳이 설치돼 있다. 나무그늘이 우거진 곳에 데크가 설치돼 타프를 따로 설치할 필요가 없다. 데크 옆에는 나무탁자가 있어 편하게 야영을 즐길 수도 있다. 하지만 숲속 야영이 불편한 점도 있다. 우선 텐트 바로 옆에 주차를 할 수 없다. 사이트와 주차장이 그리 먼 것은 아니어서 텐트와 야영장비를 따로 옮겨야 하는 불편이 따른다. 또 데크 하나당 가로x세로 길이가 2.7x2.7m에 불과해 대형 텐트를 치기에는 무리가 있다. 대형 텐트를 치려면 산림문화휴양관 앞 다목적데크를 이용해야 한다. 휴양림 측에서는 다양한 크기의 텐트를 칠 수 있도록 너른 데크를 따로 설치해 놓았다.

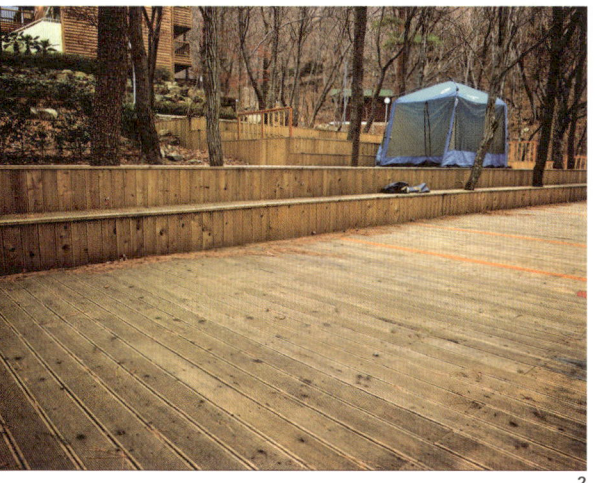

1

2　　3

1 ──────
　　거제자연휴양림 야영데크. 지
난겨울 떨어진 낙엽이 수북이 쌓여
있다.

2 ──────
　　다목적데크장에는 대형 텐트를
칠 수 있다. 사이트마다 구획을 나
뉘놓았다.

3 ──────
　　데크에는 스트링을 고정시킬
수 있는 고리가 달려 있다. 팩을 따
로 박지 않아도 돼 편하다.

동물이 노니는 곳

휴양림 내에는 산책로가 잘 조성돼 있다. 봄의 신록, 여름의 녹음, 가을의 단풍, 겨울의 낙엽길이 아름답다. 산책로를 걷다보면 나무 위에서 열매를 먹는 청설모를 쉽게 볼 수 있다. 숲속에는 휴양림에서 키우는 토종닭이 무리지어 돌아다닌다. 이름 모를 산새도 여기저기서 노래를 한다. 겨울에는 고로쇠나무에서 수액을 채취하는 모습도 볼 수 있다.

휴양림에서는 노자산 정상까지 등산로가 연결된다. 동백 주차장에서 출발해 헬기장(1km)을 거쳐 벼늘바위(0.3km), 전망대(0.5km)를 지나면 정상에 오를 수 있다. 넉넉잡고 왕복 3시간 정도 걸리는 등산로는 거제의 풍광을 즐길 수 있는 코스다. 특히 정상 전망대에 서면 크고 작은 섬들이 떠 있는 다도해가 한눈에 들어온다.

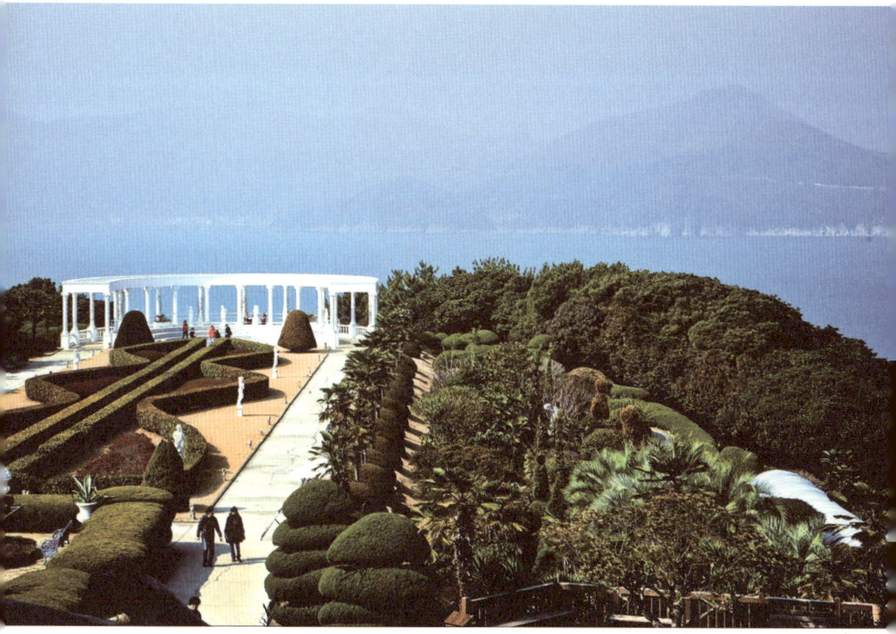

4

5

6

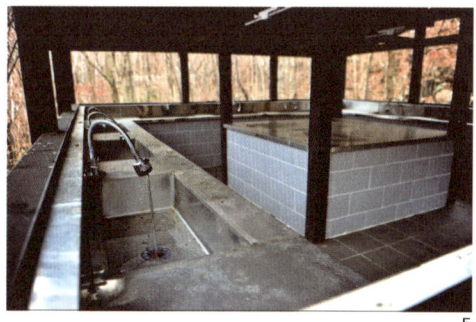

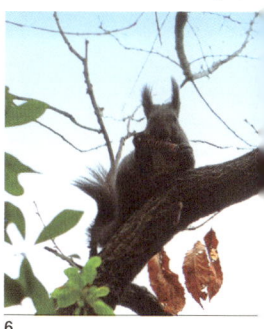

4

거제 장승포에서 배를 타면 외도에 닿는다. 외도는 섬 전체가 거대한 식물원이다.

5

화장실, 개수대, 샤워장 등의 시설은 거제시청에서 운영하는 야영장답게 깨끗하게 관리되고 있다.

6

청설모가 거제자연휴양림 나무 위에서 먹이를 먹고 있다.

거제 앞바다로 나들이를 떠나요

거제자연휴양림에서 차로 5~10분 정도 이동하면 거제해금강, 여차-홍포해안, 학동흑진주몽돌해변 등을 두루 돌아볼 수 있다. 거제 안 뿐 아니라 바깥 섬들을 보고 싶다면 저구유람선선착장이나 도장포, 장승포 등 인근 선착장을 찾으면 된다. 저구선착장에서는 장사도, 매물도 등으로 향하는 배가 오간다. 특히 장사도는 동백나무, 후박나무, 야생화 등이 숲을 이루고 있는 자생식물공원이다.

장승포, 도장포 등에서는 외도행 배가 오간다. 외도는 봄이 유독 아름답다는 섬이다. 유람선은 해금강의 절경을 선보인 뒤 천천히 외도로 관광객을 안내한다. 멸치떼를 쫓아 비행 낚시를 즐기는 괭이갈매기를 보는 것도 빼놓을 수 없는 즐거움이다. 외도는 섬 전체가 거대한 정원이나 다름없는데, 다도해의 섬을 둘러보는 나들이는 거제 캠핑의 또다른 즐거움이다.

서울에서는 통영을 통해 거제로 들어서는 편이 낫다. 부산 방면에서는 거가대교를 이용하면 빨리 올 수 있다. 거제에 들어서면 구천 삼거리에서 한려해상국립공원, 학동몽돌해변 방면으로 오다가 거제 중앙로에서 거제자연휴양림야영장으로 들어서면 된다. 내비게이션에는 '경상남도 거제시 동부면 구천리 산 103번지' 또는 '거제자연휴양림'을 입력할 것.

휴양림에는 야영데크 38곳, 다목적데크 위 10곳 등 약 50동 정도 텐트를 칠 수 있다. 나무그늘이 우거진 곳에 데크가 설치돼 타프를 따로 설치할 필요는 없다. 주차장과 데크는 조금 떨어져 있다. 장비를 옮겨야 하는 불편함이 있다. 숲속 데크는 가로×세로 길이가 2.7×2.7m에 불과해 대형 텐트를 치기에는 무리가 있다. 대형 텐트를 치려면 산림문화휴양관 앞 다목적데크를 이용해야 한다. 휴양림 측에서는 다양한 크기의 텐트를 칠 수 있도록 너른 데크를 따로 설치해 놓았다. 휴양림 입장료는 1인당 1천 원, 야영비는 텐트 1동당 데크는 5천 원, 일반 텐트장은 3천 원이다. 개수대, 화장실, 샤워실 등의 시설은 깨끗한 편. 예약은 따로 받지 않는다. 선착순 입장. 055.639.8115

고
성

공 룡 꿈 을 꾸 다

야 상
영 족
장 암

초등학교 4학년 과학 교과서에는 고성에서

발견된 공룡 발자국 화석이 실려 있다. 백문

이 불여일견. 공룡을 만나러 고성을 찾았다.

한반도는 살아 있는 지질학 교과서이다. 좁은 땅속에서 선캄브리아 대부터 신생대 제4기까지 다양한 시대의 흔적을 찾을 수 있다. 한반도 남쪽 경남 고성은 '공룡 발자국'으로 유명하다. 중생대 백악기 공룡 발자국 4천여 족이 고성 곳곳에 남았다. 고성 하이면 덕명리, 월흥리 일대에서는 2천여 족의 공룡 발자국을 만날 수 있다. 상족암야영장에서 공룡 꿈을 청한다.

공룡을 품은 바위

경남 고성군 하이면 덕명리 상족암. 드넓은 너럭바위에 총총 물구덩이가 파여 있다. 일정한 리듬감으로 구덩이는 바다로 들어갔다가 다시 뭍을 향해 이어진다. 그저 움푹 파인 바위처럼 보이는 구덩이들은 모두 1억4천만 년 전의 흔적이다. 1982년 1월 겨울방학을 이용해 학생들과 남해안 일대 지질조사에 나섰던 경북대 양승영 교수는 거대한 발자국이 '공룡의 흔적'임을 밝혀냈다.

　　　어떻게 2천여 족이나 되는 공룡 발자국이 고성 상족암 인근에 남게 된 걸까. 태곳적 이 일대는 일본 열도와 연결되는 거대한 호숫가였다. 공룡은 중생대(2억4800만~6500만 년 전) 동안 남극에서 알래스카까지 모든 대륙에서 번창했는데, 한반도는 중생대 초 대륙이 이동하고 충돌하는 격변의 시기를 겪는다. 당시 공룡들은 안식처를 찾아 중생대 말 경상남북도에 걸쳐 형성된 거대한 호숫가로 이동했다. 잔잔한 물가에 찍힌 공룡 발자국은 씻겨나가지 않고 지층을 이뤘다가 고스란히 떠올랐다.

1

1 상족암에서 발견된 공룡 발자국은 2천여 족. 그저 물이 고여 있는 구덩이라 생각하고 지나치기 쉽다. 그러나 이런 작은 물구덩이는 모두 공룡이 남긴 흔적이다.

2 한반도의 바다는 저마다 다른 풍경을 품는다. 남해는 고요하면서도 깊이가 있다. 상족암 앞바다도 마찬가지다.

3

3 야영장에서 공룡박물관까지 산책로 데크가 조성돼 있다. 공룡박물관 입장료는 따로 내야 하지만 산책로는 무료로 걸을 수 있다. 데크 양옆으로 억겁의 세월을 버텨온 바위와 돌이 펼쳐진다.

자연이 빚은 예술품

사실 공룡 발자국보다 더 눈길을 끄는 것은 상족암의 층암단애다. 약 1억 년 전에 형성된 중생대 백악기 지층은 해안을 따라 거대하게 솟았다. 암벽은 시루떡처럼 겹겹이 층을 이뤘다. 그 모습이 밥상다리처럼 생겼다고 하여 상족(床足)이라 불린다.

이 암벽 깊숙이 굴이 뚫려 있다. 굴 안은 파도에 깎여 변화무쌍한 모습을 보인다. 낙석 위험 때문에 출입을 제한하고 있지만 산책을 나온 이들은 거대한 풍광에 매료돼 암벽과 굴에 다가서게 된다. 옛사람들은 이곳에서 선녀들이 돌로 만든 베짜는 기계를 돌려 옥황상제의 비단옷을 만들었다고도 한다. 그만큼 상족암은 사람들에게 신선의 세계마냥 신비롭게 보인다.

4

5

공룡 발자국을 품은 상족암의
바위는 예사롭지 않다. 켜켜이 쌓인
지층은 마치 누군가 조각을 해놓은
듯 정교하다.

5
상족암야영장은 바다 쪽과 주
차장 쪽 모두를 사용할 수 있다. 원
래 바다 쪽에서만 캠핑을 했었는데
요즘에는 캠퍼들이 주차장 쪽 잔디
를 비롯해 공룡공원 모든 구역을 자
유롭게 활용한다.

오토캠핑보다는 아날로그 야영

상족암야영장은 '오토캠핑장'이 아니다. 상족암군립공원 무료 주차장 인근에 조성된 공룡공원에 '야영'을 할 수 있도록 한 것이다. 성수기에는 텐트 1동 4천 원, 대형 천막 8천 원 등의 사용료를 받지만 비수기에는 따로 돈을 받지 않는다. 텐트는 바닷가 쪽에 20~30동 정도 칠 수 있다. 하지만 공룡공원 잔디 위에 텐트를 치는 캠퍼도 많다. 주차장 옆으로 조성된 잔디밭에는 화장실, 개수대 등이 있어 편리하다.

상족암야영장에서는 전기를 사용할 수 없다. 차량 진입은 가능하지만 텐트 바로 옆에 주차를 할 수 있는 구조도 아니다. 고성군은 당항포, 남산공원 등에 오토캠핑장을 조성했다. 하지만 아날로그 야영을 즐기는 캠퍼들은 정식 오토캠핑장보다 상족암이 좋다는 평을 할 때가 있다. 풍광이 아름다운 데다 잔디가 잘 조성돼 있기 때문이다. 또 비수기에는 비교적 한가해 야영장에 텐트를 치고 공룡 발자국을 따라 산책을 나서기 좋다.

서울 방면에서 온다면 사천IC에서 삼천포대교 방면으로 오다가 목전빌딩 사거리에서 좌회전한다. 하이면 쪽으로 8km 정도를 이동하면 상족암군립공원이 나타난다. 내 비게이션에는 '경남 고성군 하이면 덕명리 85번지 상족암군립공원'을 치면 된다. 정식 명칭은 상족암공룡박물관캠핑장이다. 야영장은 공룡공원 안에 있다. 무료 주차장에 차를 대고 공원 안쪽에 텐트를 치면 된다.

원래 바닷가 쪽에서만 야영을 하도록 돼 있는데 캠퍼들은 공원 내 적당한 곳에 자유롭게 텐트를 친다. 성수기에는 텐트 1동 4천 원, 대형 천막 8천 원 등의 사용료를 받지만 비수기에는 따로 돈을 받지 않는다. 여름에는 샤워를 할 수 있다. 1인당 1천 원. 공원 내 화장실과 개수대 등이 있다. 전기는 사용할 수 없다. 바닷가 사이트는 겨울에도 10여 동의 텐트가 설치될 정도로 인기가 좋다. 잔디밭이 잘 조성돼 있어 잔디 위에 텐트를 치는 사람도 많다. 공룡공원에서 상족암 쪽으로 이어진 데크를 따라 산책을 할 수 있다. 데크를 따라가다 보면 다양한 공룡 발자국을 볼 수 있다. 데크가 끝나는 지점에 상족암의 거대한 바위와 굴 등이 나타난다. 공룡박물관은 입장료를 따로 받는다. 어른 1인당 3천 원, 어린이 1천5백 원. 055.670.4451

고
양

하늘·땅 모두 별이 뜨는 곳

서
삼
릉

청
소
년
야
영
장

햇살이 소리 없는 외침으로 봄을 알리고 있
다. 겨우내 넣어뒀던 텐트를 무작정 꺼내 캠
핑을 떠난다. 서울과 지척에도 별을 볼 수
있는 야영장이 많다. 서삼릉청소년야영장
도 그중 하나다.

"아웃도어라면 사람들은 야외에서 노는 것이나 여행을 하는 것으로, 혹은 다소 모험을 하는 것으로 생각하지만 나는 그 속에 감히 '산다' 는 시야를 포함시켰다. 그 이유는 가장 참다운 아웃도어란 사는 일에 다름 아니기 때문이다."

『여기에 사는 즐거움』의 저자 야마오 산세이는 아웃도어를 이렇게 정의한다. 1977년부터 세상을 떠난 2001년까지 일본 남쪽의 작은 섬에서 자연 속 구도자로 살았던 저자는 '인도어'는 우리 집, '아웃도어'는 타인의 집, 아니 모든 생물들의 집일지도 모른다고 말한다. 다른 생물의 집에서 하룻밤을 청하는 캠핑은 아웃도어의 참된 의미를 조금이나마 느끼게 해준다.

40년 전통, 스카우트 연맹 중앙훈련원 야영장

서삼릉청소년야영장은 경기도 고양시 덕양구에 있다. 서울 구파발을 넘어서면 바로 나타난다. 고양의 삼송지구는 서울 근교답게 개발이 한창이다. 고즈넉한 풍경은 공사 현장의 모래에 쓸려나갔다. 이곳에 자리한 야영장의 공식 명칭은 '한국 스카우트 연맹 중앙훈련원'. 흔하디흔한 시골길 옆으로 갑자기 훈련원 표석이 나온다. 언덕 위에 훈련원 본부 건물이 있고 아래로는 작은 숲으로 둘러싸인 운동장과 공터가 있다. 주말을 맞아 단체행사가 줄줄이 이어진 덕에 이미 공터는 알록달록 텐트의 향연이 펼쳐져 있었다. 서삼릉청소년야영장은 아마 국내에서는 가장 오래된 야영장 축에 들 듯하다. 중앙훈련원이 1968년 약 3만2천 평 규모로 이 자리에 들어섰기 때문이다. 2003년 리모델링을 거쳐 지금의 모습을 갖췄고 2007년부터는 일반 야영장에서 오토캠핑장으로 쓰임새가 늘어났다.

1

2

3

1 ————————
　　서삼릉청소년야영장은 원래 오
토캠핑장은 아니었으나, 2007년
부터 오토캠핑을 올 수 있게 됐다.
야영장 주변으로 키 큰 나무가 많아
여름에도 그늘 걱정은 덜 수 있다.

2 ————————
　　주말 캠핑을 온 30여 팀의 가족
이 모여 닭싸움을 벌였다. 마치 하
늘을 나는 닭처럼 1등과 2등이 갈
리는 순간이다.

3 ————————
　　요즘에는 반려견을 야영장에
데려오는 캠핑객이 많다. 서삼릉야
영장에서 만난 개 한 마리가 주인이
없는 텐트 앞에서 늠름하게 자리를
지키고 있다.

서울 근교에서 해, 달, 별을 보다

봄햇살이 균질하게 야영장에 떨어진다. 그늘막 타프가 텐트 앞에 자리를 잡았다. 흔들흔들 해먹도 집집마다 걸렸다. 난로 대신 화로가 생활의 중심이 된다. 주말을 맞아 캠핑을 나온 50여 가구가 모두 봄햇살에 흠뻑 젖었다. 서울에서 한 뼘 나왔을 뿐인데 아웃도어의 흥취가 제법이다.

해가 뉘엿뉘엿 산 뒤로 몸을 누이자 캠핑장의 분위기는 달라진다. 왁자지껄 게임을 즐기던 무리가 하나둘씩 보금자리를 찾아들어간다. 텐트에는 불이 들어오고 모락모락 저녁 익는 냄새가 야영장에 깔린다. 타닥타닥 모닥불 타는 소리에 정신이 아찔할 때쯤 하늘을 올려다보았다. 반달이 채 차오르지 않은 모양새로 싱긋 미소 짓는다. 비밀신호라도 보내듯 밤하늘에 박힌 별들은 이곳저곳에서 반짝이는 수신호를 보낸다. 바로 옆 서울외곽순환고속도로의 소음만 들리지 않는다면 서울과 지척이라는 게 실감나지 않을 정도다. 캠핑장의 땅에는 텐트마다 환히 밝힌 불이 어둠을 야금야금 삼킨다. 하늘에도 땅에도 별이 반짝인다.

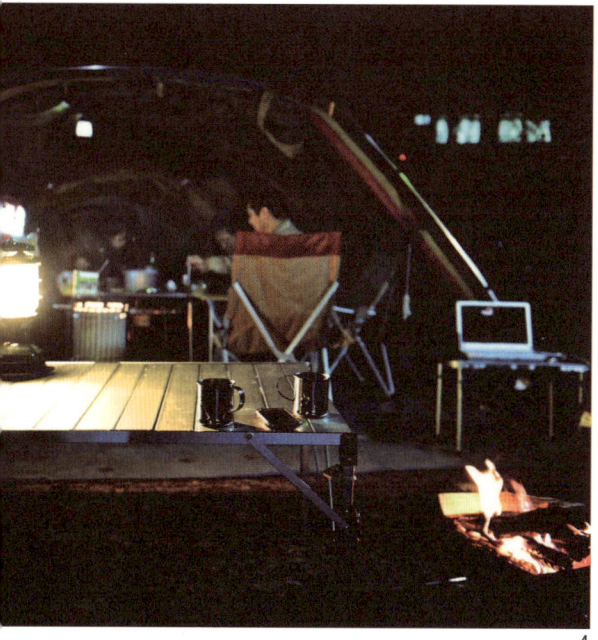

4　5

4 ──────
　캠핑장은 밤이 되면 더욱 분위기가 무르익는다. 타닥타닥 모닥불 소리가 나고 사람들은 텐트 주변에 모여 앉아 이야기꽃을 피운다.

5 ──────
　모닥불 옆 등불을 밝히고 책을 읽는다. 이 시간이 캠핑에서 가장 좋다. 여유로운 시간이 흘러간다.

서삼릉과 원당목장, 이국적 풍경 속 기구한 사연

서삼릉은 3개의 능이 있다 하여 붙여진 이름이다. 그러나 연유를 알게 되면 마치 조선왕조의 공동묘지 같다는 느낌이 든다. 3개의 능과 3개의 원, 폐비 윤씨의 회묘, 후궁·왕자·공주 묘 46기에 왕족들의 태실까지 있다. 참 이상하다. 원래 조선시대에는 공주와 왕자 묘를 왕릉 능역에 쓰지 못하게 했다. 일제강점기와 해방 직후에 전국에 흩어져 있던 후궁·왕자·공주 묘를 이곳에 모아놓았다.

서삼릉의 기구한 사연은 바로 옆 원당목장으로도 이어진다. 1960년대 정권이 왕릉 땅을 마사회, 축협, 골프장, 농협대학 등에 넘겨주었다. 늠름한 말이 누비는 넓고 푸른 초지가 옛 왕릉 땅이라니 뭔가 미안한 마음이 든다. 그래도 서삼릉은 2009년 유네스코 세계문화유산에 등재됐다. 야영장에서 서삼릉과 원당목장까지 걷는 하이킹은 왕복 3시간 정도 소요된다.

서울 구파발을 지나면 바로 고양 삼송리다. 한창 개발이 진행중인 삼송지대에서 서삼릉 쪽으로 오다보면 허브랜드를 지나쳐 서삼릉청소년야영장 팻말이 보인다. 대중교통을 이용한다면 허브랜드 인근에 마을버스 정류장이 있다. 내비게이션에는 '경기도 고양시 덕양구 원당동 200-5'를 입력하면 된다.

화장실, 개수대, 샤워실 모두 깨끗한 편이다. 야영장 양 끝에 총 2곳이 있다. 온수가 나온다. 본부 건물에도 화장실이 있고 숙소도 따로 마련돼 있다. 이용료는 텐트 1동당 1박에 4인 기준 2만 원이다. 계절에 따라 전기요금 3~5천 원을 추가로 받는다. 인터넷이나 전화로 예약 가능하다. 보통 비수기인 11월~3월까지 일반 가족 캠핑객들이 사용한다. 성수기인 4월~10월까지는 스카우트 연맹 행사가 주말마다 열리기 때문에 단체캠핑 행사만 예약을 받곤 한다. 작은 숲이 둘러져 있어 그늘이 있지만 캠핑장 바로 뒤쪽으로 외곽순환고속도로가 지나기 때문에 소음이 들리기도 한다. 서울과 지척인데도 고즈넉한 풍광과 밤하늘의 별을 볼 수 있다는 것이 장점. 031.967.9163

곡
성

칙 칙 폭 폭 열 차 테 마 캠 핑

야 청
영 소
장 년

한 가지 테마를 가지고 캠핑을 떠나보는 건
어떨까? 칙칙폭폭 열차와 캠핑이 만날 수
있는 곳, 곡성으로 떠났다.

들살이에도 때로는 테마가 필요하다. 특히 아이들과 함께하는 캠핑
이라면 더욱 그렇다. 방학을 맞아 특별한 캠핑을 꿈꾼다면 이곳은 어
떨까? '뚜우뚜우' 증기기관차 소리와 '쏴아쏴아' 섬진강의 물소리가
향연을 펼치는 곳. 곡성 가정마을에 있는 청소년야영장을 찾았다.

섬진강과 나란히, 우리 땅에서 가장 아름다운 철길

곡성 청소년야영장은 고달면 가정리에 있다. 원래는 오곡초등학교 예성분교가 있던 곳이다. 1946년 개교해 1995년 폐교했다. 폐교를 활용할 수 있는 방법을 고민하다 2005년 청소년야영장으로 새 단장을 했다. 야영장이 위치한 곳은 섬진강 물길이 바로 보이는 곳이다. 이 물길을 사이에 두고 건너편에는 17번 국도와 철길이 나란히 달린다. 하늘에서 내려다보면 섬진강, 길, 철로가 10km 넘는 구간을 함께 흘러간다. S라인 물길을 따라 유유히 흐르는 철길의 모습은 '빨리'만을 외치는 요즘의 직선 철로와는 사뭇 다른 풍경이다. 유홍준 교수는 책 『나의 문화유산 답사기』에서 이 길을 우리 땅에서 가장 아름다운 철길 중 하나로 꼽았다.

　　　옛 곡성역에서 가정역까지는 하루 다섯 번 증기기관차가 왕복으로 운행된다. 사실 옛 곡성역은 1999년 기능을 잃었다. 전라선이 직선화되면서 새로운 곡성역이 생겼기 때문이다. 그러나 옛 곡성역은 '열차'를 테마로 변화했다. '섬진강 기차마을'로 변신해 관광객을 모으고 있다. 야영장에 앉아 있으면 강 건너에서 '뚜우~' 하며 증기기관차 기적 소리가 울려 퍼진다. 아련하게 들리는 이 소리에 시간여행을 떠난 듯 착각에 빠져든다. 야영장에 텐트를 내려놓고 '섬진강'과 '열차'를 테마로 즐길 거리를 찾아 나선다.

1　**2**

3

1 ──────
　　청소년야영장에서 섬진강을 건
너면 바로 가정역이다. 증기기관차
가 가정역에서 출발하고 있다.

2 ──────
　　곡성역 영화세트장에서는 사진
기를 들고 다니는 사람을 많이 볼
수 있다. 비오는 날 국밥집 앞에서
셔터를 눌렀다. 마치 옛날로 돌아간
기분이다.

3 ──────
　　청소년야영장 운동장 사이트.
텐트가 설치돼 있다.

곡성 섬진강을 즐기는 다섯 가지 방법

섬진강은 전북 진안과 장수의 경계인 팔공산에서 시작된다. 곡성읍 북쪽에서 남원시를 적시고 압록 근처에서 보성강과 합류한다. 이후 강줄기는 지리산 남부 협곡을 휘돌아 경남과 전남의 도계를 이루며 광양만으로 흘러든다. 그 길이가 무려 212.3km에 달하지만 강이 '강다운 모양새'를 갖추는 것은 곡성에서부터다. 특히 옛 곡성역에서 청소년야영장이 있는 가정역까지 섬진강을 즐기는 방법은 다양하다.

먼저 옛 곡성역에서 가정역까지 증기기관차에 몸을 싣는다. 시속 25~30km의 느린 속도. KTX보다 10배는 느리지만 기차 밖 풍광은 10배 더 아름답게 보인다. 조금 더 S라인 철길을 만끽하고 싶다면 침곡역에서 가정역까지 운행되는 레일바이크에 오르는 것도 좋다. 기차 밖으로 보이던 풍광이 피부로 바로 와닿는 느낌도 색다르다. 조금 더 아날로그 방식으로 섬진강을 느끼고 싶다면 자전거를 타는 것도 좋다. 청소년야영장과 가정마을 등에서 3천 원에 1시간 동안 자전거를 빌릴 수 있다. 가정마을 앞에서 두계마을로 이어지는 자전거길은 자동차가 거의 다니지 않는 조용한 마을길이다. 강바람에 들꽃 냄새가 은은하게 퍼진다. 청소년야영장에서는 래프팅체험도 할 수 있다. 섬진강 가정마을 앞에서 압록유원지까지 섬진강의 물살을 직접 맛볼 수 있다. 또 오토캠핑객이라면 17번 국도 드라이브도 좋다. 강과 철길 사이에서 부드러운 곡선으로 흐르는 17번 국도는 철쭉이 피는 5월에 가장 빛난다.

4 ─────────
침곡역에서 가정역까지 레일바이크가 운행된다. 야영장에 짐을 풀고 레일바이크를 타러 다녀오는 것도 좋다.

5 ─────────
가정마을에서 섬진강을 따라 이어지는 자전거길. 시원한 강바람에 들풀 냄새가 실려 온다.

텐트를 가져오지 않아도 괜찮아요

곡성 청소년야영장의 장점은 텐트를 가져오지 않아도 된다는 점이다. 40여 동의 텐트 중 10여 동은 섬진강 둔덕에 위치했다. 바로 옆에는 개수대와 전기시설이 마련됐다. 나머지 30여 동은 청소년야영장 본관 옆 운동장에 설치됐다. 이곳은 그늘이 드리워 한여름에 시원하게 야영을 즐길 수 있다.

오토캠핑객은 섬진강 바로 앞 잔디밭에 텐트를 칠 수 있다. 따로 구획이 나뉘지 않아 텐트와 타프를 자유자재로 칠 수 있다. 단, 래프팅체험을 이곳에서 하기 때문에 낮에는 조금 시끄러울 수 있다. 조용하게 자연을 만끽하고 싶다면 야영장에서 자전거길을 타고 두계마을 쪽으로 1km 지점에도 야영 사이트가 있다. 청소년야영장에서 관리하는 부지인데 잔디와 들꽃이 보송하게 자라나 있다. 조용하게 캠핑을 즐길 수 있지만 이곳에서는 전기를 사용할 수 없으니 참조하자.

내비게이션에는 '곡성군 고달면 두가리 627-2번지'를 입력하면 된다. 용산역에서 KTX를 타고 가다 익산에서 환승하면 곡성까지 3시간 30분 걸린다. 옛 곡성역~가정역 구간 증기기관차는 오전 9시 30분부터 오후 5시 30분까지 하루 5번 운행된다. 레일바이크는 침곡~가정역 구간까지 운행된다. 가정역에서 섬진강을 건너오면 바로 곡성 청소년야영장이 보인다.

캠핑장 요금은 텐트를 빌리면 1동당 1박에 2만 원, 성수기 2만5천 원, 텐트를 가져오면 1동당 1박에 텐트 크기에 따라 1만~1만5천 원이다. 샤워는 여름에만 가능. 개수대와 화장실 모두 깨끗하다. 전기는 잔디밭 이외의 사이트에서 가능하다. 인터넷 예약 가능. 주변에 열차 및 자전거체험을 비롯해 천문대관람 등 즐길 거리가 즐비하다. 곡성 청소년야영장에서 하는 래프팅체험은 성인 1인당 3만 원. 인터넷 예약시 할인해준다. www.gscamp.com, 061.362.4186

공주

아늑하게 가을을 맞이하는 곳

계룡산 동학사

오토캠핑장

25년 전 야영장으로 문을 연 동학사캠핑장
은 최근에서야 오토캠핑을 허용했다. 최신
식 시설 대신 자연 그대로의 모습을 간직한
캠핑장에 몸을 누이면 밤 익는 소리가 들리
는 듯하다.

동학사로 가는 길은 사시사철 인기가 많다. 계룡산을 찾는 등산객
중 동학사~갑사 코스를 택한 사람들이 이곳을 지난다. 그래서인지
동학사 앞길은 언제나 북적인다. 아름드리나무가 입구를 장식하지
만 역시 '국민관광지'라는 생각이 든다. 펜션과 커피숍, 식당이 즐비
한 곳에서 등산을 마치면 요기도 하고 분위기도 즐긴다. 그러나 아
는 사람만 아는 아지트가 있다. 계룡산국립공원에 자리잡은 캠핑장
은 무르익어가는 가을을 만끽할 수 있는 최적의 장소다.

계룡산국립공원에 들어선 캠핑장

대낮부터 경쟁이 치열하다. 금요일 정오를 넘어서자 숲속 여기저기에서 망치 소리가 울려 퍼진다. 텐트 팩을 고정시키는 소리다. 동학사오토캠핑장은 계룡산국립공원 안에 있다. 25년 전 야영장으로 문을 열었다가 최근에서야 오토캠핑을 허용했다. 25~30동의 텐트만 설치할 수 있는 작은 규모다. 게다가 예약제도 아니다. 먼저 와서 텐트를 치는 사람이 임자다. 그래서 주말을 나기 위한 캠핑족들이 금요일 점심시간을 이용해 텐트를 설치한다. 오후 내내 텐트만 덩그러니 남았다가 저녁이 되면 가족들과 다시 야영장을 찾는다.

동학사캠핑장을 찾는 사람 중엔 캠핑 고수가 많다. 네이버 카페 '캠핑 퍼스트'에서 아이디 '클라이머'로 활동중인 캠퍼를 만났다. 대학 시절 산행을 하면서 야영을 시작했다는 그는 동학사캠핑장의 매력을 무엇으로 꼽았을까. "우선 자연 속에 있다는 느낌이 좋습니다. 계룡산 속이라서 공기도 맑고 그늘도 풍부합니다. 캠핑장이 작은 규모여서 가족적인 느낌이 들어요." 거의 매주 동학사캠핑장을 찾는 그는 "낮에는 가족들과 동학사로 산책을 다녀오기도 합니다. 그런데 캠핑을 나서면 굳이 특별한 활동을 하지 않아도 활력이 넘쳐요. 자연 속에서 아이들 얼굴 보고 이야기를 나누는 시간 자체가 좋은 거죠"라고 말한다.

1

2   3

1
동학사캠핑장에서는 텐트를 설치해 두고 시간이 날 때마다 오는 사람들도 종종 눈에 띈다. 낮에는 친구들끼리 나와 담소를 나누기에도 좋다.

2
동학사캠핑장은 예약제로 운영되지 않는다. 먼저 와서 텐트를 치는 사람이 임자다. 그래서 금요일 점심시간을 이용해 텐트를 치는 사람도 꽤 눈에 띈다.

3
3대가 함께 캠핑을 다니는 송지환, 조인숙 부부 가족.

3대가 함께 오는 캠핑, 구수한 인심을 자랑하는 곳

송지환, 조인숙 부부는 금요일이면 무작정 캠핑을 떠난다. 아이들은 물론이고, 시부모와 장인 장모를 모두 아우르는 3대 캠핑 가족이다. 대가족이 함께 어울리다보니 사돈지간이라 해도 어색하지 않다. 오히려 다른 캠핑 이웃에게 먹을 것을 연신 권할 정도로 인심이 후하다. 부인 조인숙씨는 "남편이 양가 어른을 모시고 캠핑을 가자고 제안했어요. 처음에는 불편해 하시진 않을까 걱정했는데 자연 속에서 하룻밤을 지내는 걸 어르신들도 즐기시고 아이들도 행복해 하더라고요"라고 말한다. 남편 송지환씨는 "인근 자연휴양림에서 캠핑을 하다가 동학사야영장을 알게 됐다"며 "최신식 시설을 갖추지는 않았지만 자연 속에 파묻혀 있는 느낌이 듭니다"라고 동학사캠핑장의 장점을 꼽았다.

동학사캠핑장에는 매일 텐트를 쳐놓는 캠핑족도 있다. 낮에는 친한 친구들이 와서 담소를 나누고 주말이면 여러 가족이 모여 바비큐 파티를 벌인다. 조성은씨는 "가깝게 지내는 친구들끼리 텐트를 마련해서 부부동반 모임을 자주 가져요. 집이 있는 대전과 야영장이 가까워서 낮에는 여자들끼리 와서 수다도 떨고 동학사까지 산책도 다녀오고요. 굳이 하룻밤을 보내지 않아도 잠시 나들이를 나온 기분을 만끽하다가 가요"라고 말한다.

4
동학사는 계룡산 4대 사찰(신원사, 구룡사, 갑사, 동학사) 중 동쪽에 위치하고 있다. 동학사 승가대학은 국내 최초 비구니 승가대학이다.

동학사캠핑장 즐기기

동학사캠핑장에는 화장실과 식수대, 전기시설이 설치돼 있다. 샤워장은 여름에만 사용할 수 있는 간이 샤워장이다. 오토캠핑장이라고 하지만 차가 한 대 겨우 올라갈 수 있는 좁은 길을 올라야 한다. 25년 전 야영장으로 시작하다보니 텐트를 치고 나면 주차할 공간이 적어진다. 그래도 얼굴을 들면 하늘을 가리고 있는 나뭇가지에 마음이 선선해진다. 곳곳에 밤나무가 있어 가을이면 밤을 따는 재미도 쏠쏠하다.

야영장에서 동학사까지는 걸어서 1시간이 채 안 걸린다. 가벼운 관광 등산 코스로 갑사계곡과 동학사계곡을 잇는 산행도 인기가 높다. 동학사와 갑사를 잇는 일명 '관광 등산 코스'는 폭이 1.5~2m에 이르는 편안한 등산로로 이어진다. 동학사에서 남매탑을 거쳐 금잔디 고개를 넘어서면 용문폭포로 내려가는 계곡을 따라 갑사가 나온다. 낮에는 가족들과 산책 겸 나들이를 즐기기에 충분하다.

호남고속도로 유성IC에서 나와 32번 국도를 타고 공주 방향으로 7.2km를 간다. 조각공원 앞에서 좌회전 후 1번 국도로 1.5km 진행, 학봉초등학교에서 우회전한다. 1.8km를 더 오면 동학사 입구이다. 야영장은 동학사 입구 맞은편에 위치해 있다. 내비게이션에는 '충남 공주시 반포면 학봉리 682-1'을 입력하면 된다.

캠핑 사이트는 25~30개이다. 주말 주중 관계없이 캠핑사이트 1곳당 1만 원. 입장료 2천 원, 전기이용료 3천 원을 내면 된다. 20대 이상을 주차할 수 있는 주차장이 있다. 식수대, 화장실이 있고, 샤워장은 여름에만 사용 가능하다. 예약은 불가. 선착순 이용 가능하다. 인근 동학사, 계룡산 등으로 연계 관광이 가능하다. 042.824.6005

공주

밤꽃향기 그윽하게

기
산
농
장

오
토
캠
핑
장

작고 예쁜 봄꽃들이 지고, 크고 선명한 빛깔

의 여름꽃들이 사방에서 다투어 피어나는

계절이다. 나뭇잎 위에 커다랗게 매달려 피

는 밤꽃향이 그윽하게 퍼지는 공주기산농장

으로 캠핑을 떠난다.

어질어질 밤꽃냄새가 머릿속을 흔든다. 공주 계룡면 기산리 와우마을에 들어서자 밤꽃냄새가 가장 먼저 외지인을 반긴다. 계룡산 자락에 소가 누운 편안한 형상을 하고 있어서 '와우마을'로 불리던 마을에 요즘 새로운 바람이 불고 있다. 바로 '캠핑' 바람인데, 가을이면 밤따기체험으로 인기를 모았던 곳이 이제 '캠핑장'으로 사시사철 사랑을 받고 있다.

계룡산 속 물통골 "병도 나아요"

기산농장 오민석 사장은 30여 년 전부터 계룡산자락에서 밤농장을 운영했다. 그가 이곳에 들어온 것은 '물'이 좋아서였다. 농장 산책로를 걷다보면 바위샘을 만난다. 어른 키의 두 배는 될 듯한 큰 바위에서 졸졸졸 샘물이 솟아난다. 오랜 가뭄에도 마르지 않고 시원한 물을 뿜어내는 모습이 신기할 정도다.

오 사장은 "50~60년 전쯤 한 농부가 큰 병을 앓고 있었다고 해요. 그런데 이 바위에서 솟아나는 샘물을 마시고 병이 씻은 듯 나았다고 하죠. 그래서 사람들이 이곳을 물통골이라고 불러요"라고 소개한다. 바위샘 옆쪽에는 병을 고친 농부가 살았다는 황토방이 여전히 남아 있다. 오 사장은 쓰러질 듯한 그 집이 오히려 귀하다고 생각돼 보수를 하며 관리를 하고 있다. 주말에는 농장을 찾는 사람들에게 방을 빌려주기도 한다.

1 ——————
계룡산자락에 자리잡은 기산농장 곳곳에 밤꽃이 피었다.

2 ——————
세련되지는 않았지만 오랜 세월을 느끼게 하는 황토방 내부. 낮은 천장과 오래된 기둥이 세월을 짐작케 한다.

3 ——————
원래 이곳은 물이 좋아 '물통골'이라 불렸다고 한다. 기산농장 곳곳에 깨끗한 계곡물이 흐른다.

캠핑장, 5년을 준비했어요

기산농장은 무려 3만 평에 이르는 밤농장이다. 오 사장은 기산리에 자리를 잡고 품종이 좋은 밤나무를 심기 시작했다. 땅의 체질이 유기농으로 바뀌기까지 10여 년의 세월이 필요했다. 노력 덕분인지 알이 굵고 고소한 기산농장 밤이 입소문을 타면서 가을이면 밤따기 체험객이 몰렸다. 하지만 오 사장은 여기서 멈추지 않았다.

오 사장은 "8년 전 일본으로 농촌체험연수를 다녀온 적이 있어요. 그때 일본의 캠핑장들을 보게 됐죠"라며 "우리나라도 언젠가는 캠핑 붐이 일 것 같았어요. 그래서 5년 전부터 캠핑 공부를 하고 좋은 시설을 만들기 위해 노력했죠"라고 말한다. 그래서일까. 기산농장 오토캠핑장의 사이트는 특별하다. 밤농장 곳곳에 계단식으로 사이트를 구성했는데, 마치 밤농장에 별도의 방이 구성된 것처럼 아늑하게 만들어졌다. 독립된 사이트에는 텐트 1~3동만 칠 수 있도록 배려한 덕에 가족끼리 조용한 시간을 보낼 수 있다.

4

5 6

4
기산농장이 있는 곳은 '와우마을'이라 불린다. 뒷산이 마치 '소가 누워 있는 형상'을 하고 있어서다.

5
기산농장의 닭들은 닭장 밖에서 자유로이 모이를 쪼아 먹는다. 밤이 되면 알아서 닭장으로 들어갔다가 새벽 5시면 어김없이 새벽을 깨운다.

6
기산농장은 부지가 넓은데도 곳곳에 전기시설이 잘 들어와 있다. 오토캠핑을 하는 데 큰 불편함이 없다.

별보기, 밤따기…… 체험 거리가 가득

기산농장에는 체험 거리도 많다. 가을이면 밤따기체험은 물론이고 밤을 이용한 요리를 배우는 시간도 마련된다. 농장에서 따로 가을에 따놓은 밤을 저장했다가 캠핑객들에게 제공하기도 한다. 캠핑객들은 요리를 함께 나누면서 허물없이 지낸다.

밤이 되면 농장은 '별보기체험장'으로 변한다. 밤농장에 마련된 미니 천문대에서 아이들은 별보기 삼매경에 빠진다. 유기농 밤농장을 운영하는 덕분에 농장 전체가 친환경시설이다. 아이들도 한껏 뛰어놀 수 있어 마음이 놓인다. 농장에서 키우는 닭들도 닭장에서 지내지 않고 농장 곳곳을 다니며 먹을 것을 쪼아 먹는다. 새벽이면 어김없이 우렁찬 소리로 울어대는 닭 울음소리는 기산농장 캠핑장의 상징이다.

남공주IC, 또는 공주IC로 나와 32번 국도를 타고 공주종합버스터미널 방향으로 온다. 터미널을 지나 신공주대교를 건너 23번 국도를 타고 기산리 방면으로 향한다. 기산리 노인회관 앞에서 좌회전하면 캠핑장 가는 길이다. 내비게이션에는 '충남 공주시 계룡면 기산리 35'를 입력한다.

기산농장은 3만 평에 이른다. 밤농장 곳곳에 계단식으로 사이트를 구성했다. 기산농장 캠핑장 사이트는 넉넉하다. 마치 독립된 방처럼 사이트가 구성된 것이 특징. 계단식으로 공터를 마련해 텐트 1~2동씩 따로 설치할 수 있도록 분리된 공간을 만들었다. 가족끼리 오붓하게 사이트를 구성할 수 있어 사생활이 보호된다. 1캠프장에 30동, 2캠프장에 40동을 칠 수 있다. 1캠프장은 관리동이 있어 편리하고 2캠프장은 계곡데크가 있어 나름대로 인기가 있다. 화장실 2동, 취사장 2동, 샤워장 1동. 온수는 개수대와 샤워장에서 사용 가능. 전기도 사용할 수 있다. 단, 캠프장이 계단식으로 구성된 만큼 위쪽 사이트를 이용하려면 SUV 차량을 타고 오는 것이 좋다. 경사가 꽤 된다. 밤나무숲이지만 그늘이 부족한 편. 타프를 꼭 준비해야 한다. 이용료는 1박에 2만5천 원, 2박에 4만 원. 밤꽃 피는 봄과 알밤을 주울 수 있는 가을이 캠핑 적기. 농원 안에 계곡이 흐르지만 발목~무릎 정도의 깊이다. 기산농장 오토캠핑장 카페 cafe.naver.com/gisanfarm, 041.853.1112

공주

캠핑, 연극 속으로 들어가다

한국공연예술 체험마을 캠핑장

공주시 유구읍 입석리에 위치한 '한국공연예술체험마을'은 예술과 삶이 절묘하게 조화를 이룬 곳이다. 연극인들이 꾸민 공긴 속으로 캠핑이 스며든다.

이곳은 무대의 한 부분이다. 텐트를 친 느티나무숲은 야외무대.
아이들이 뛰어노는 운동장은 특설무대. 실내 소극장부터 간이 북
카페까지 '한국공연예술체험마을'의 모든 공간은 무대이자 체험공
간이며 캠핑장이다. 연극과 캠핑이 만나는 지점, 거대한 자연의 무
대 속으로 캠핑이 들어갔다.

고향으로 스며든 예술, 극단 '젊은무대'

주말 저녁 조용해야 할 학교 운동장에 웃음꽃이 핀다. 2004년 폐교된 공주시 유구읍 입석초등학교. '예술체험마을'의 간판을 단 폐교에는 알록달록 그림과 아기자기한 조형물이 자리를 잡았다. 텐트 아래 수북이 쌓인 낙엽은 바스락거리며 푸근한 보금자리를 내어준다. 어둠이 깔리자 등불이 은은하게 학교를 밝히고 모닥불의 연기는 적막한 시골 하늘을 감싼다. '폐교'라는 단어가 떠오르지 않을 만큼 돋보이는 변신, 한국공연예술체험마을을 찾았다.

한국공연예술체험마을은 예술인들이 꾸려가는 공간이다. 2007년 연극인 최종원씨(前 민주당 국회의원)가 폐교를 임대해 연극인을 위한 장소를 마련했다. 그 뒤 오태근 원장과 극단 '젊은무대' 서경오 대표가 체험마을의 살림을 맡았다. 극단 '젊은무대' 연극인 5명이 함께 상주한다. 연극배우들은 평소엔 연극 연습을 하고 무대를 만들지만 주말에는 체험 프로그램을 진행한다. 체험마을을 운영해 예술 활동에 필요한 자금을 모으고 다시 연극 무대를 통해 지역에 환원한다.

공주 출신 예술인으로 꾸려진 젊은무대는 체험마을 소극장에서 한 해 20회가 넘는 공연을 연다. 서울에서 공연을 열기도 하지만 젊은무대는 주로 지역을 무대로 활동한다. 백제 기악탈 공연 등 공주의 문화예술을 가꾸기 위한 활동에 열심이다. 이제는 서울에 있는 연극인들이 워크숍 등을 위해 이곳을 찾는다. 한 해 동안 워크숍에 참여하는 인원이 천 명을 넘는다. 고향에 스며든 예술인들은 삶과 예술의 경계를 허물고 있다.

1

2

3

1

2004년 폐교된 입석초등학교에 다시 웃음소리가 퍼지기 시작했다. '젊은무대' 극단은 공주시가 매입한 폐교 부지를 임대해 2006년부터 '공연예술체험마을'을 꾸려가고 있다.

2

공연예술체험마을을 밝히는 등. 저녁이 되면 젊은무대 단원들이 직접 만든 등에서 은은한 불빛이 퍼져 나온다.

3

공연예술체험마을에 있는 간이 북 카페. 편안하게 앉아 책을 볼 수 있다.

캠핑객이 먼저 알아본 공간

원래 공연예술체험마을은 캠핑장이 아니었다. 이곳을 찾은 사람들이 언제부턴가 텐트를 가져오기 시작했다. 운동장을 둘러싸고 있는 아름드리나무숲에 매료됐기 때문이다. 알음알음 캠핑객이 찾아오더니 주말마다 가족 단위 캠핑객들이 체험마을을 찾았다. 체험마을에서도 캠핑객이 편안하게 캠핑을 할 수 있도록 샤워실과 화장실 등의 부대시설을 확충했다.

가장 좋은 사이트는 300년 수령의 느티나무가 숲을 이룬 공간이다. 한여름에는 녹음이 우거져 시원하게 캠핑을 즐길 수 있다. 운동장에도 텐트를 칠 수 있다. 펜션 5동과 교실을 개조한 숙소도 마련해 텐트 없이도 숙박을 할 수 있다. 학교시설 구석구석에 활쏘기, 탈 만들기 등의 체험장이 있어 아이들이 시간을 보내기에도 좋다.

4

5

6

4
한여름에는 60가족이 올 만큼 분주하던 곳이 늦가을로 접어들자 부쩍 한가해졌다. 덕분에 캠핑객들이 운동장 전체를 여유롭게 쓰고 있다.

5
공연예술체험마을 마당에 있는 널빤지 위에서 아이들이 널뛰기를 한다. 아슬아슬 즐거운 모습.

6
공연예술체험마을에서 키우고 있는 강아지. 서로 장난을 치고 있다.

잘 빈둥거리기 '유구夜 놀자'

고대 그리스 철학자 아리스토텔레스는 "자연은 우리에게 일을 잘하기를 바랄 뿐만 아니라 잘 빈둥거리는 것 또한 바란다"고 말했다. 고대 그리스인에게 '놀이(파이디아)'는 일에서 받은 긴장을 완화하고 정신에 휴식을 제공하는 일종의 강장제였다. 그렇다면 현대인에게 '놀이'는 어떻게 적용할 수 있을까.

한국공연예술체험마을에서는 매년 여름 '유구夜 놀자' 축제를 연다. 마을에 흐르는 유구천에서 이름을 딴 것인데, '유구천의 밤에 함께 놀자'는 의미를 담고 있다. 축제 기간에는 인형극, 마임, 무용, 국악 등의 공연과 함께 대나무통 국수체험, 탈 그리기, 두부 만들기, 활쏘기, 민속놀이 등의 체험 프로그램이 진행된다. 잘 빈둥댈 수 있는 '놀이'가 체험마을에 포진하고 있는 셈이다. 평소에도 미리 신청을 하면 인형극, 연극, 난타, 탈 만들기, 국악기 배우기 등을 체험할 수 있다.

경부고속도로에서 천안–논산고속도로를 타다가 공주JC에서 대전–당진간 고속도로를 탄다. 유구IC에서 나와 입석리 쪽으로 우회전해서 2.4km 정도 오다보면 입석길 안쪽으로 옛 입석초등학교(한국공연예술체험마을)가 보인다. 내비게이션에는 '공주시 유구읍 입석리 444'를 입력하면 된다.

텐트 60동 정도 수용이 가능하다. 제일 좋은 사이트는 느티나무 아래 자리다. 한여름에는 녹음이 우거지고 가을에는 낙엽이 수북이 쌓인다. 운동장에서 캠핑을 할 수 있다. 자동차를 바로 옆에 세워놓고 자유롭게 사이트를 구축할 수 있다. 24시간 온수가 나오는 샤워실과 화장실 등 부대시설은 좋은 편. 캠핑장 이용료는 텐트 1동당 1박에 2만5천 원, 2박에 4만 원. 인형극, 연극, 난타, 탈 만들기, 국악기 배우기 등을 체험하고 싶으면 미리 신청해야 한다. 캠핑장에서 관불산까지 1시간 정도 쉬엄쉬엄 산책을 할 수도 있다. 체험마을에는 펜션 5동과 교실을 개조한 숙소가 따로 있다. 캠핑 및 체험 예약은 네이버 카페(http://cafe.naver.com/performancearttown/)에 올라 있는 간단한 양식의 예약문자(010.5116.7519) 전송으로 가능하다.

02

Healing
Camping

괴
산

오 지 캠 핑 을 떠 나 다

갈 산
론 막
마 이
을

한겨울 오지캠핑은 불편하지만 낭만이 있
다. 괴산 산막이마을과 갈론마을은 산과 강
이 감싸고 있는 오지다. 산막이옛길을 따라
조용히 걸음을 옮긴다.

괴산 산막이마을과 갈론마을은 지척이다. 그런데 왕래는 쉽지 않다.
달천을 사이에 두고 길은 산을 에둘러 지난다. 산막이를 비롯해 갈
론리, 외사리, 학동리, 사은리가 '비학봉마을'로 통하지만 강은 마을
을 나누고 시간을 쪼갠다. 산막이마을에 다다르려면 배를 타든지 1
시간가량 옛길을 따라 걸어야 한다. 길이 닿지 않는 마을을 찾아 오
지캠핑을 떠난다.

귀양살이를 하던 곳, 산막이마을

적소(謫所). '귀양살이를 하는 곳'이라는 뜻이다. 산막이마을의 시작
은 노수신 선생의 적소에서 찾을 수 있다. 조선 중기 학자인 노수신
(1515~1590)은 을사사화에 휘말려 유배생활을 하게 된다. 고난의
세월을 견뎌 훗날 영의정의 자리에 올랐지만 그가 귀양살이를 했던
산막이마을은 '죄인'이 머물러야 할 만큼 수백 년 전부터 오지로 기
록됐다.

산막이마을이 다시 역사 위로 올라온 것은 노수신의 10대
손인 노성도라는 선비 덕분이다. 선조의 자취를 따라 산막이마을을
찾은 노성도는 마을을 둘러싼 달천의 비경에 반해 '연하구곡'이라
이름 짓고 '신선의 별장'이라 칭했다. 노수신 선생의 적소와 그의 삶
을 기리는 '수월정'은 산막이마을 안쪽에 남아 있다. 1950년대 괴산
댐이 생기면서 수월정이 수몰될 위기에 처하자 그대로 마을 위쪽으
로 옮겨놓은 것이다.

산막이마을은 이름 그대로 '산이 막아섰다'는 뜻이다. 괴
산댐이 생기기 전만 해도 마을 앞 달천은 수위가 낮았다. 돌다리나
섶다리를 놓고 마을 간 왕래를 할 수 있었다. 그러나 괴산댐이 생기
면서 달천은 물이 불어났다. 거대한 호수를 이뤄 '괴산호'라 부르게
됐다. 노성도가 칭송하던 연하구곡은 물 아래로 사라졌다. 산막이로
통하던 길도 함께 묻혔다. 주민들은 나룻배를 타고 바깥마을과 소통
했다. 그마저도 여의치 않아 산에 아슬아슬한 벼랑길을 내 50여 년
을 오갔다.

1

2

3

1

등잔봉에 오르는 길, 발 아래를 내려다봤다. 괴산댐에 막힌 달천이 거대한 호수를 이룬다. 꽁꽁 언 물이 휘감아 돌아 산막이마을과 갈론마을을 나눴다. 오른쪽 끝이 산막이마을, 물 건너 왼편 안쪽이 갈론마을이다.

2

강이 얼어 배가 다니지 못하자 얼음 위로 주민들이 산막이와 갈론을 오간다. 위험해서 관광객들이 강을 건너 다니는 것은 막지만 주민들은 안전한 길을 알고 있는지 아무렇지 않게 강을 건너 다닌다.

3

산막이마을과 갈론마을을 오가는 조각배. 언 강물 위로 배가 오가는 대신 사람들이 썰매를 타고 있다.

가깝고도 먼 오지마을, 산막이·갈론

괴산댐이 가둔 달천을 사이에 두고 서쪽은 산막이, 동쪽은 갈론마을이다. 배를 타고 건너면 지척이지만 걸어가려면 산막이옛길을 따라 괴산댐까지 나왔다가 다시 갈론마을로 향하는 임도(숲을 관리하기 위해 낸 길)를 타야 한다.

그런데 이렇게 오지로 향하는 길이 요즘 큰 인기를 얻고 있다. 좁고 위험했던 산막이옛길을 괴산군에서 걷기 좋은 산책길로 정비했기 때문인데, 괴산댐 인근 주차장에 차를 대고 들머리에서 산막이마을까지 1시간가량을 천천히 걸을 수 있다. 뿌리는 다르지만 한몸이 돼 살아가는 연리지부터 노루샘, 연화담, 망세루, 호랑이굴, 매바위 등 옛길 곳곳에 이야기를 입혀 복원했다. 산막이옛길이 입소문을 타면서 주말에는 1천 대가 넘는 차량이 옛길 들머리를 찾는다.

조금 한가한 길을 찾는다면 노루샘에서 등산로를 따라 등잔봉(450m)과 천장봉(437m)을 잇는 길을 택해야 한다. 등잔봉에 오르면 산막이마을과 한반도 지형을 싸고 도는 달천의 비경을 맛볼 수 있다. 등산 코스를 택하면 들머리에서 산막이마을까지 3시간가량 걸린다.

4

5 6

4 　　오래된 한옥 옆으로 깔끔한 민박
집이 몇 채 생겼다. 산마이옛길이 유
명해지면서 오가는 사람이 많아졌
다. 산마이 주민들은 관광객을 상대
로 음식을 팔고 민박집을 운영한다.

5 　　갈론마을 선착장 옆에 텐트를
치고 있다.

6 　　갈론마을 선착장 인근은 캠퍼
들이 편안하게 캠핑을 즐기기 힘들
다. 갈론마을 안쪽 갈론분교는 현재
비학봉마을 숲체험관으로 쓰인다.
주민에게 양해를 구하고 운동장에
서 캠핑을 할 수 있다.

갈론마을 선착장과 폐교를 활용하라

산막이마을에는 현재 4가구가 남아 있다. 산막이마을 하얀집 민박을 운영하는 이강숙 할머니는 스무 살에 산막이마을로 시집을 왔다. 시집을 온 뒤 얼마 안 있어 괴산댐이 생겼다. 집과 길이 수몰되자 사람들이 점차 마을을 떠나기 시작했다. 이 할머니는 "물과 산으로 막혀 먹고 살 게 없었지. 고생한 걸 말하면 책을 내도 모자라"라고 말한다. 산막이마을에서 바깥으로 나가려면 나룻배를 타야 하는데 그마저 여의치 않아 아이들은 머리에 책가방을 올리고 헤엄쳐 건너기도 했단다. 현재 산막이마을에는 4가구가 남았다. 대부분 민박과 식당을 운영한다. 농사를 지어 어렵게 살던 오지는 사람이 드나드는 관광지가 됐다.

산막이마을에는 캠핑을 할 수 있는 곳이 따로 없다. 길이 끊길 때도 많기 때문에 백패킹을 준비하는 것이 좋다. 산막이를 찾은 캠퍼들이 알음알음 잠을 청하는 곳은 갈론마을 선착장이다. 갈론마을도 20여 가구가 사는 작은 산촌이다. 당초 칡이 많이 우거져서 은거하기 좋은 곳이란 뜻의 갈은(葛隱)마을이었으나 언제부턴가 갈론(葛論)마을로 불리고 있는데, 겨울이면 호수가 얼어 갈론마을과 산막이마을을 오가는 배가 끊긴다. 한적해진 선착장 인근에 텐트를 칠 수 있다. 하지만 부지가 좁아 알뜰하게 텐트를 쳐도 5동 정도 들어간다. 화장실, 개수대, 전기시설 등은 찾아볼 수 없다. 화장실은 인근 주민의 집에 양해를 구해야 한다. 조금 더 편안한 캠핑을 원한다면 갈론마을 안쪽에 있는 폐교를 활용하면 좋다. 폐교된 갈론분교는 현재 숲체험관으로 활용되는데 운동장에서 캠핑을 할 수 있다. 정식 캠핑장은 아니기 때문에 체험관에 양해를 미리 구해야 한다. 폐교된 칠성초등학교 외사분교 운동장에서도 캠핑을 청할 수 있다. 관광객이 많은 봄, 가을에는 운동장까지 주차장으로 쓰이기 때문에 미리 운동장 사용 여부를 마을에 문의하는 것이 좋다.

🚐 수도권에서 온다면 영동고속도로 여주 분기점~중부내륙고속도로를 탄다. 괴산IC에서 나와 괴산 읍내 쪽으로 간다. 괴강 삼거리에서 34번 국도를 지나 달성주유소 직전에 우회전해 잠수교를 건넌다. 외사리 정류소 삼거리에서 우회전, 괴산수력발전소 앞에서 다시 우회전하면 산막이옛길 들머리다. 이곳에 차를 주차하면 된다. 캠핑을 하려면 비학봉마을이 관리하는 숲체험관(칠성초등학교 외사분교: 괴산군 칠성면 외사리 152번지)이나 갈론분교를 찾으면 된다. 갈론마을 선착장에서 캠핑을 하려면 내비게이션에 '괴산군 칠성면 사은리 산5-5'를 입력한다.

⛺ 갈론마을 선착장은 겨울 이외에는 캠핑을 하기 어렵다. 겨울에는 배가 다니지 않기 때문에 공터이지만 평소 배가 다니면 북적이기 때문이다. 장소도 협소해 5동 이상 텐트를 치는 것은 불가능하다. 정식 캠핑장이 아니어서 따로 예약을 하거나 돈을 낼 필요가 없다. 그러나 인근에 개수대, 화장실, 전기시설 등이 없으므로 백패킹을 준비하는 것이 좋다. 조금 더 편하게 캠핑을 하려면 산막이옛길 가기 전 비학봉마을 안내센터(옛 칠성초등학교 외사분교)나 폐교된 갈론분교 운동장을 찾으면 된다. 갈론분교는 군자산 등산로로 바로 연결된다. 또 인근 갈은구곡을 돌아보기 좋다. 아직 정식 캠핑장이 아니어서 돈은 받지 않지만 마을시설을 이용할 경우 비학봉마을 안내센터에 양해를 구하는 것이 좋다. 043.832.3527

괴
산

9 가 지 보 물 을 숨 긴 계 곡

야　화
영　양
장　동

각양각색 바위의 향연 위로 맑은 물이 은빛

가루를 뿌려대는 화양구곡. 9가지 절경을

숨겼다는 속리산 자락에 텐트를 펼쳤다.

속리(俗離). '속세를 떠나는 산'이라는 말이다. 세상의 풍경이 아니
라는 듯 신은 산 이곳저곳에 흔적을 남겼다. 은빛으로 부서지는 물
살 위로 솟았다 꺾였다 감았다 풀렸다를 반복하는 바위. 마치 신이
떡 주무르듯 바위를 매만지기라도 한 걸까. 산이 힘겨루기를 하다
가 깊어진 계곡 위로 그림 같은 바위가 고개를 든다. 우암 송시열
(1607~1689)은 이 계곡에 9가지 절경이 숨어 있다며 일일이 이름
을 붙였다. 속리산 화양구곡으로 9가지 보물을 찾아 떠난다.

속세를 떠난 산에 묻힌 9가지 절경들

속리산은 충북 보은군과 괴산군, 경북 상주시에 걸쳐 있다. 신라시대 진표율사가 속리산에 다다르자 밭 갈던 소들이 무릎을 꿇어 율사를 맞이했다 한다. 이를 본 농부들이 속세를 버리고 진표율사를 따르자 산은 '속세를 떠난다'는 이름을 가졌다. 속리산국립공원에 다다르는 길목 괴산에는 유독 보물을 숨긴 곳이 많다. 9가지 절경을 숨기고 있다 해서 '구곡(九曲)'이라 불리는데, 화양·선유·쌍곡·갈은·연하·고산·풍계 등은 모두 괴산의 '구곡'을 품은 계곡이다.

그중 화양동은 야영장시설을 갖추고 있다. 온몸으로 계곡의 자연을 느끼고픈 이들에겐 더없이 좋은 곳이다. 속리산국립공원 화양분소 매표소에서 약 1.5km 아래쪽에 야영장이 있다. 계곡 둔덕부터 숲속까지 약 1만여 평의 부지다. 이곳에 텐트를 내려놓고 화양계곡으로 나들이를 떠난다.

1

경천벽에서 약 1.2km 떨어진 북쪽 계곡에 맑은 물이 모여 소를 이룬다. 구름의 그림자가 맑게 비친다 해서 운영담이라 불린다.

2

해가 질 무렵 텐트 옆에서 계곡을 내려다본다. 저 멀리 왜가리가 거니는 모습이 보인다.

3

속리산국립공원 안에는 애완견을 데리고 들어갈 수 없다. 그러나 입구에서 약 1.5km 아래쪽에 위치한 야영장에서는 애견과 함께 캠핑을 즐길 수 있다.

텐트를 내려놓고 보물을 찾아서

화양동야영장을 찾는다면 화양구곡을 찾는 산행은 필수 코스다. 매표소에서 산을 따라 올라가는 길옆으로 잔잔한 물결이 은가루처럼 반짝인다. 우암이 중국의 무이구곡을 떠올리며 9곡을 일일이 정한 연유를 이 길에 서면 절로 알 수 있다. 화양10리 계곡의 첫 절경은 매표소를 지나자마자 바로 나타난다. 우거진 숲속에 길게 뻗고 높이 솟은 바위가 하늘을 떠받든 듯 보인다. '경천벽'이다.

1km 정도를 더 걸어 올라가면 맑은 소가 눈에 띈다. 맑은 물에 구름의 그림자가 비친다는 '운영담'이다. 투명한 계곡에 몸을 담그는 사람이 많았는지 '수영 금지' 표지판이 크게 걸려 있다. 물의 노래를 들으며 계곡을 따라가면 바위는 더욱 드라마틱한 모습으로 변한다. 하늘로만 높이 솟던 바위가 마치 바닥을 흐르듯 평평해진다. '읍궁암'이다. 우암 송시열은 효종대왕(1619~1659)이 41세의 젊은 나이에 승하하자 이 바위 위에서 새벽마다 한양을 향해 활처럼 엎드려 통곡했다 한다. 그래서 바위 이름을 '읍궁암'이라 부른다.

조금 더 걸어 올라가면 화양구곡의 중심이라 불리는 '금사담'이 모습을 드러낸다. 이름처럼 맑은 물과 깨끗한 모래가 보이는 계곡 속의 못이다. 금사담 바로 앞에는 송시열이 은퇴 후 학문을 닦았다는 '암서재'가 보인다. 금사담과 암서재가 어우러져 한 폭의 그림 같은 풍경이다. 계곡 맞은편 숲에는 우암을 기리기 위해 지은 '화양서원'과 명나라 신종과 의종의 위패를 모신 '만동묘'가 있다.

이 길을 지나면 본격적인 산행 코스다. 도명산으로 오르는 입구에 서면 산 위에 돌을 차곡차곡 쌓아올린 듯한 '첨성대'가 눈에 띈다. 채운사 길목에는 산속에 늠름하게 우뚝 솟은 '능운대'가 보인다. 도명산으로 오르는 길에는 용이 누워 꿈틀거리고 있는 모습과 닮았다는 '와룡암', 청학이 바위 위에 둥지를 틀고 알을 낳았다는 '학소대', 계곡 전체에 흰 바위가 티 없이 넓게 펼쳐진 '파천'이 차례대로 몸을 드러낸다. 파천 위를 흐르는 물길은 마치 용의 비늘을 꿰어 놓은 것처럼 보인다. 경천벽, 운영담, 읍궁암, 금사담, 첨성대, 능운 대, 와룡암, 학소대, 파천까지 9개의 보물을 찾는 여정이 캠핑의 하 루를 꽉 채운다. 넉넉잡고 왕복 4시간 정도 소요된다.

4　5

4 ────
평일에도 야영장 매점은 밤 11 시까지 문을 연다. 필요한 것이 있 을 때 바로 살 수도 있고 도움을 얻 을 수 있어 편리하다.

5 ────
맑은 물과 깨끗한 모래가 보이 는 계곡 속의 못 '금사담'. 화양구곡 의 중심이 되는 곳이다. 뒤로 조선 숙종 때 우암 송시열이 정계를 은퇴 한 후 집을 짓고 학문을 연구한 '암 서재'가 보인다.

물의 노래 들을까, 바람의 춤 느낄까

다시 야영장으로 내려오면 본격적으로 캠핑을 즐길 시간이다. 화양
구곡은 1975년 속리산국립공원에 포함됐고 야영장은 1990년대 초
반 문을 열었다. 사이트 구획이 따로 나뉘어 있지 않아 텐트와 타프
를 자유자재로 펼칠 수 있다. 자동차도 텐트 옆에 바로 세울 수 있
다. 그렇다고 현대식 오토캠핑장으로 생각할 수는 없다. 야영장에서
전기를 사용할 수 없기 때문이다. 화장실 등 시설물에서 전기를 끌
어 쓰다 적발되면 과태료를 물어야 한다. 야영장은 강변 둔치부터
숲속까지 이어지는데 각 사이트마다 장단점이 있다. 계곡 쪽에 텐트
를 치면 풍경은 아름답지만 바로 뒤 찻길에서 나는 소음을 감내해야
한다. 계곡 쪽 사이트는 면적도 넓지 않아 넉넉하게 공간을 구성하
기 힘들다. 숲 인근 사이트는 강이 바로 내려다보이지는 않지만 나
무그늘이 풍부하고 공간도 넉넉하다. 찻길과 점점 멀어질수록 소음
에서도 멀어진다. 야영장은 예약을 받지 않기 때문에 성수기에는 토
요일 오전만 되면 사이트가 모두 꽉 찬다. 요즘에는 주차장 옆 잔디
밭에까지 텐트를 친다. 야영장 옆 계곡은 수심이 낮아 발을 담그거
나 그물낚시를 즐기기에도 좋다.

🚌 　　　동서울종합터미널에서 화양동야영장 입구 500m 앞까지 시외버스가 운행된다. 자동차로 올 경우 내비게이션에 '화양동야영장' 또는 '충청북도 괴산군 청천면 후영리 496'을 입력하면 된다.

⛺ 　　　야영장 이용료는 성수기 기준 어른 1인당 2천 원이다. 주차료는 1대당 5천 원이다. 화양동야영장은 속리산국립공원 화양분소 매표소 가기 전 1.5km 아래 지점에 있다. 약 1만 평 대지인데 실제로 텐트를 칠 수 있는 공간은 그리 넓지 않다. 요즘에는 텐트와 타프 등 장비가 대형화돼 200~250동 정도 칠 수 있다. 예약은 받지 않으며 선착순 입장이다. 토요일 오전이면 사이트가 모두 꽉 찬다. 강변 쪽부터 숲속까지 사이트가 구성돼 있는데 강 근처는 바로 뒤가 찻길이라 소음이 심하다. 조용하게 캠핑을 하고 싶으면 숲쪽으로 들어가는 게 좋다. 야영장 안 매점이 평일에도 밤늦게까지 운영돼 편리하다. 장작도 판매한다. 화장실은 수세식과 재래식 등 종류별로 있다. 개수대는 2곳, 샤워실은 없다. 전기도 쓸 수 없다. 전기를 몰래 끌어다 쓰다 적발되면 과태료를 물어야 한다. 043.832.4347

김
제

야　금
영　산
장　사

천년고찰 금산사를 중심으로 김제의 명품
'길'이 펼쳐진다. 금산사야영장에 텐트를 내
려놓고 봄 산책을 떠나보는 건 어떨까.

전북 김제의 들판은 드넓다. 이곳 사람들은 끝없이 펼쳐진 지평선을 두고 '하늘과 땅이 만나는 지점'이라 말한다. 김제의 천년고찰 '금산사'에는 영험한 기운이 감돈다. 오랜 세월 모악산을 지켜온 금산사 주변에는 불교·증산도·개신교·천주교 등 4대 종단의 문화유산이 포진해 있다. 자연 뿐 아니라 문화적으로도 금산사는 하늘과 땅이 만나는 지점이다. 봄꽃이 흐드러진 '금산사 순례길'에 텐트를 내려놓는다.

걷기 좋은 모악산 마실길·순례길

김제에도 걷기 좋은 길이 있다. 새만금 바람길, 금구 명품길, 모악산 마실길, 아름다운 순례길 등이다. 그중 모악산 마실길, 아름다운 순례길은 금산사와 모악산을 중심으로 펼쳐진다. 모악산은 어미가 아이를 안은 형상이라 하여 붙여진 이름이다. 모두 3코스인 '마실길'은 어머니의 포근함을 담고 있다. 전주 경계인 '유각재'부터 신아대 숲길과 금산사를 거쳐 완주 경계인 '배재'까지 걷는 1코스, 금산사에서 출발해 백운동과 싸리재를 거치는 2코스, 금산사에서 금평 저수지까지 마을들을 잇는 3코스가 있다.

'아름다운 순례길'도 '금산사'를 중심으로 펼쳐진다. 그런데 코스의 구성이 남다르다. 금산사를 시작으로 불교, 증산도, 개신교, 천주교의 흔적을 모두 볼 수 있는 여정이기 때문이다. 사실 마실길과 순례길을 실제로 완주하는 사람은 많지 않다. 긴 코스는 20~30km 정도인데다 표지판이 없는 곳도 많다. 그래서 지도만으로는 길을 찾기 힘들다. 마을 사람들에게 물어물어 순례길을 걸었다.

1

2   3

1 ————
　금산사 주변은 봄이면 벚꽃과
목련 등 봄꽃이 만개한다. 청소년
야영장 안에도 벚꽃나무 군락이 있
어 봄에 야영을 하면 꽃속에 있는
느낌이 든다.

2 ————
　야영장 입구에 화장실과 개수
대가 있다. 시설은 깔끔하게 관리돼
사용하기 편하다.

3 ————
　금평저수지 가장자리를 따라
나무데크가 설치돼 있다. 이 길을
따라 걸으면 자연스레 금산사 순례
길의 여정을 밟게 된다.

불교·증산도·개신교·천주교 4대 종단이 어우러진 길

순례길은 금산사에서 시작된다. 금산사는 신라시대 진표율사가 창건했다고 전해진다. 국보 제62호 미륵전을 비롯해 보물 10점 등의 문화재가 있다. 봄이면 금산사로 올라가는 길을 따라 벚꽃이 흐드러지게 피어 '벚꽃축제'가 열린다. 순례길은 금산사에서 청룡사를 지나 금산교회를 찾는 것으로 이어진다. 1905년 미국 선교사 데이트가 설립한 교회는 당시 ㄱ자 한옥 건물 모습 그대로 보존돼 있다. ㄱ자 모양의 한옥 금산교회는 일반인을 위해 내부를 공개하고 있다.

교회에서 2km 정도 떨어진 지점에는 동심원과 동곡약방이 있는 '동곡마을'이 있다. 1900년대 초 증산교의 창시자인 강증산이 사람들을 치료하던 곳이 '동곡약방'인데, 마을은 금평저수지 물길을 따라 고즈넉하게 자리했다. 마을 안쪽 동곡약방은 제대로 관리되지 않다가 2003년 대순진리회에서 동곡약방과 인근 부지를 매입해 종교 성지로 복원됐다. 안타깝게도 동곡마을 내부나 동곡약방 등은 일반인이 들어갈 수 없다.

금평저수지 가장자리로는 나무데크 산책로가 잘 조성돼 있다. 동곡마을에서 저수지를 따라 데크산책로를 걸으면 저수지의 수려한 풍광을 만끽할 수 있다. 길 중간에는 증산법정교 본부가 있다. 1949년 강증산 부부의 무덤을 봉안하면서 형성된 종교 성지다. 순례길은 원평 성당, 원평 장터, 전봉준 전적지를 거쳐 수류천주교회에서 끝난다. 수류천주교회는 1890년대 세워져 1959년 재건됐다. 영화 〈보리울의 여름〉 촬영지로도 유명하다. 순례길을 따라 걸으면 불교, 개신교, 증산도, 천주교의 문화유적을 모두 밟는 셈이다.

4

5   6

4 ——— 599년 창건됐다고 전해지는 금산사는 천년고찰의 풍모를 간직하고 있다. 미륵전은 신라시대 진표 율사가 건립했다. 정유재란 때 소실돼 조선 인조 때 복원했고 1988년 해체 보수 공사를 거쳐 1993년 완공했다.

5 ——— 금산사에 핀 벚꽃. 봄마다 벚꽃과 목련이 아름다운 풍경을 연출한다.

6 ——— 한옥 금산교회 내부는 일반인도 볼 수 있도록 개방하고 있다. ㄱ자 모양의 한옥 모습 그대로 예배당이 꾸며졌다.

봄꽃의 향연, 금산사 청소년야영장

걷는 길의 시작점에는 항상 금산사가 있다. 봄이면 벚꽃과 목련이 피어 아름다운 풍광을 연출한다. 금산사 안에는 청소년야영장이 있다. 매표소에서 일주문 방향으로 올라가다보면 '체육공원'이라는 팻말이 보인다. 안쪽으로 이어지는 잔디공원이 청소년야영장이다. 이곳에 여장을 풀고 모악산에 오르거나 순례길에 오를 수 있다. 모악산 등산로는 약 11km로 4시간 정도 소요된다.

무료로 개방된 잔디밭 공원에는 평일에도 4~5동이 텐트를 치고 있다. 따로 구획이 나뉘지 않아 여유롭게 사이트를 구성할 수 있다. 야영장에 차는 진입금지다. 야영장 입구에 장비를 내리고 차는 금산사 일주문 인근 주차장에 세워야 한다. 전기도 사용할 수 없다. 샤워시설은 없지만 개수대와 화장실은 넓고 깔끔한 편이다. 무료로 사용하는 만큼 예약은 받지 않는다. 금산사 입장료를 내고 자유롭게 텐트를 치면 된다. 오토캠핑을 할 수 없는 불편함은 모악산의 수려한 산세와 향긋한 꽃내음에 금세 머릿속에서 지워진다.

서울에서 출발할 때는 경부고속도로-천안논산고속도로-충남고속도로를 타고 금산사IC에서 나온다. 모악로를 따라 오다보면 금산사가 나온다. 매표소에서 1인당 3천 원의 입장료를 내고 들어오면 된다. 매표소에서 금산사까지 걷는 길도 좋지만 일주문 인근에 주차장이 있어 차를 타고 올라올 수도 있다. 내비게이션에는 '전라북도 김제시 금산면 금산리 88-2'를 입력하면 된다. 금산사야영장은 매표소에서 400~500m 정도 올라오면 된다. 매표소와 금산사 일주문 중간 지점에 야영장이 있다고 보면 된다. 야영장 입구에 '체육공원'이라는 팻말이 붙어 있다. 짐을 야영장 입구에 내리고 차는 일주문 인근 주차장에 세운 뒤 다시 걸어 내려와야 한다.

금산사야영장은 오토캠핑장이 아니다. 차를 텐트 옆에 세울 수 없다. 짐을 야영장에 내리고 일주문 인근에 있는 주차장에 차를 세워야 한다. 야영장에서 300~400m 떨어져 있다. 야영장은 입구에서 안쪽까지 체육공원 산책로를 따라 양옆으로 이어진다. 캠핑할 장소까지 장비를 손으로 옮겨야 한다. 야영장에는 봄이면 벚꽃과 목련이 만개한다. 잔디밭이 잘 조성돼 있어 야영하기 좋다. 구획이 따로 나뉘어 있지 않기 때문에 텐트와 타프를 자유자재로 칠 수 있다. 20~30동 정도 텐트를 칠 수 있다. 평일에도 텐트가 4~5동 있을 정도로 인기가 좋다. 화장실과 개수대는 야영장 입구에 있다. 깨끗하게 관리되는 편. 전기를 사용할 수는 없다. 샤워시설도 없다. 야영장 바로 옆으로 계곡이 흐른다. 예약은 받지 않는다. 선착순 입장. 야영장은 무료로 이용할 수 있다. 단, 야영장이 금산사 매표소 안쪽에 있기 때문에 금산사 입장료를 내야 한다. 성인 1인당 3천 원, 어린이는 1천 원.

남양주

고향집에 텐트를 치다

깊은산속옹달샘캠핑장

단골 캠핑객이 많은 곳은 다 이유가 있다. 남양주의 캠핑장들은 유독 캠핑객 사이에서 사랑받는 곳이다. '깊은산속옹달샘'에 들르면 그 까닭을 알게 된다.

캠핑장에도 8학군이 있다는 걸 아는가? 산 좋고 물 맑은 곳이면 어디나 좋은 캠핑장이 된다지만 '남양주'는 그야말로 캠핑 천국이다. 수도권과 가까우면서도 때 묻지 않은 자연 덕에 캠핑객이 '캠핑 8학군'이라 부르는 곳. 그중 운길산 자락에 자리잡은 깊은산속옹달샘캠핑장은 '새벽엔 토끼가 달밤엔 노루'가 들를 것만 같은 산골이다. 캠핑장 안팎으로 시냇물이 졸졸 흐르고 봄햇살은 바스락바스락 나뭇잎 사이로 쏟아진다.

운길산 깊은 산속 캠핑장

화창한 주말, 운길산역은 인파로 북적인다. 알록달록 등산복을 입은 상춘객은 대부분 송촌리를 거쳐 수종사 방향 산행을 택한다. 캠핑장은 진중리에 있다. 운길산역에서 진중리 쪽으로 난 길을 따라간다. 어느새 길은 임도로 바뀐다. 역에서 4.2km. 꽤나 산골로 들어왔다 싶은데 캠핑장 표지판은 보이지 않는다. 임도마저 등산로로 바뀌는 시점 텐트와 타프가 눈에 들어온다. 깊은산속옹달샘캠핑장이다.

입구에 서면 캠핑장이 한눈에 들어오지 않는다. 입구 쪽에 너른 사이트가 있어 "이게 다인가" 싶은데 캠핑장은 산 위로 계속 이어진다. 캠핑장지기인 이준희씨는 "1985년에 부모님께서 이곳 땅을 사셨어요. 위쪽은 국유림이어서 식구들끼리 농장이나 가꾸려고 했던 곳이죠"라고 말한다. 캠핑장을 연 건 2007년의 일이다. 캠핑을 즐겨하던 이씨가 인터넷에 카페를 열었는데 알음알음 캠핑객이 찾아오기 시작했다. 한번 온 캠핑객은 단골이 돼 정기적으로 이곳을 찾는다.

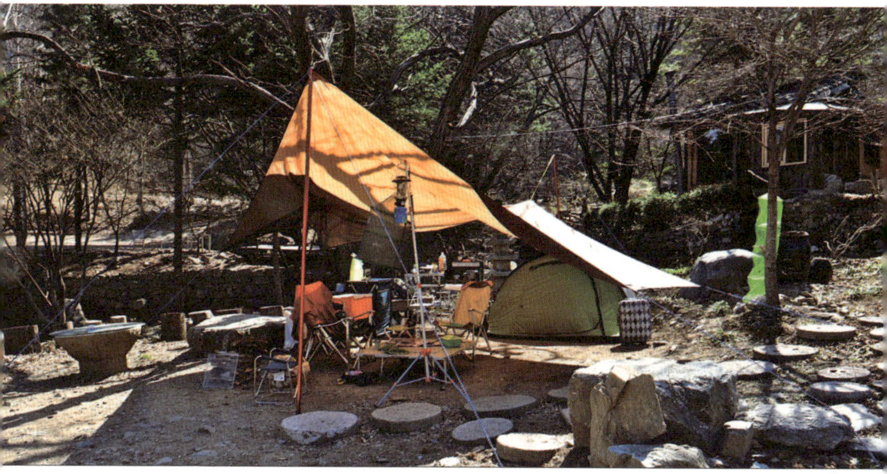

1 ————

옛 초가집 앞마당에 텐트를 친 모습. 사방에 나무가 그늘을 만든다.

2 ————

정식 카페는 아니지만 간단하게 차를 마실 수 있도록 공간을 꾸며 놓았다. 깊은산속옹달샘캠핑장은 보물 같은 숨은 장소가 많다.

샘이 퐁퐁퐁 솟아나는 곳

캠핑장은 약 5천 평 부지. 가운데에 토담집 2채가 있다. 캠핑장지기가 머무는 집도 따로 2채가 있다. 이 집들을 중심으로 위아래에 캠핑장이 조성돼 있다. 옛 한옥을 그대로 살려놓고 곳곳에는 장독과 오두막이 있다. 토담집 바로 앞에도 텐트를 치면 마치 고향집에서 캠핑을 하듯 푸근한 분위기다. 아래쪽 부지는 아이들이 뛰어놀 수 있도록 작은 운동장이 마련됐다. 너른 마당처럼 꾸며져 단체 캠핑객을 위한 공간이 된다. 위쪽 부지는 산속에 파묻힌 느낌이 든다. 나무 그늘이 드리워져서 아늑한 느낌이 든다.

깊은산속옹달샘캠핑장에는 정말 '옹달샘'이 있다. 캠핑장 중심에 청명한 지하수가 샘솟는 소가 있다. 차가운 지하수의 맛은 달콤할 정도로 시원하다. 캠핑장의 개수대는 모두 운길산의 지하수와 연결된다. 옛날 시골집 마당에 쭈그리고 앉아 설거지를 하면서도 캠핑객들은 그저 즐겁다는 표정이다. 신식 개수대도 있는데 굳이 옛 개수대에 모여 앉는다. '꾸미지 않은 듯 자연스러움'이 시골 고향집 같아 더 좋단다.

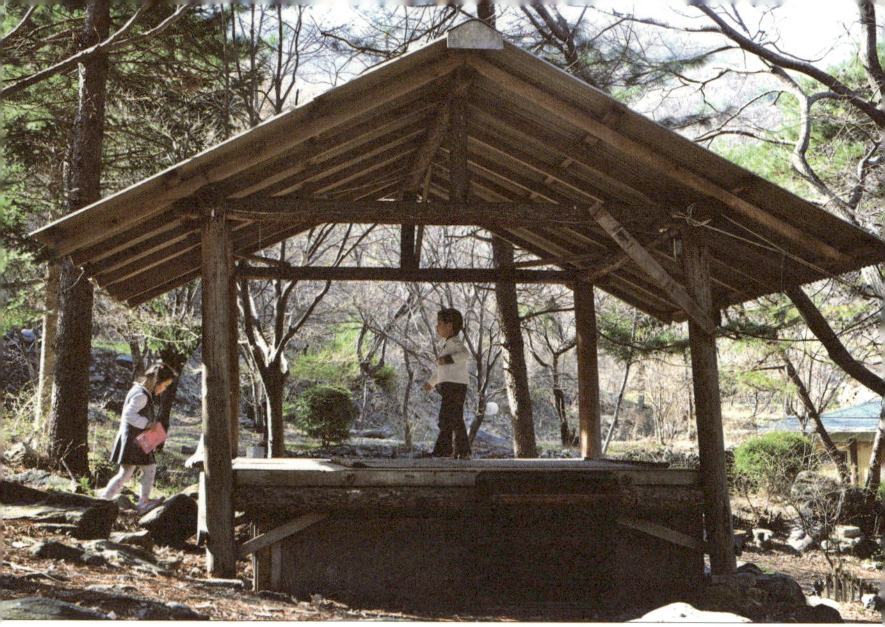

3

깊은산속옹달샘캠핑장에 있는 오두막. 아이들이 올라가서 시간을 보낸다.

4

부모와 캠핑을 온 아이들. 나물 캐러 간다며 팔을 걷었다.

5

캠핑장은 운길산역에서 4.2km 떨어진 곳에 위치해 있다. 등산객들은 운길산역에서 걸어서 세정사와 깊은산속옹달샘캠핑장을 지나 운길산 정상에 다녀온다.

등산 할까, 밭 일굴까.

남양주가 괜히 캠핑 8학군으로 불리는 게 아니다. 캠핑장 인근이 온통 '아웃도어' 천국이다. 캠핑장 옆으로 난 임도는 운길산 등산로로 이어진다. 캠핑장에서 정상까지는 걸어서 약 2시간이 걸린다. 정상을 넘어 수종사로 넘어갈 수도 있다.

캠핑장 안팎으로는 팔당계곡의 물줄기가 흐른다. 한여름에는 무성하게 우거지는 나무그늘과 시원스레 흐르는 계곡 덕에 더운 줄 모른다. 청정한 환경 덕에 여름에는 모기도 보이지 않는다.

캠핑장 주변 밭이 주말농장으로 활용된다는 것도 이곳의 매력이다. 단골 캠핑객에게 1년 땅을 빌려주고 밭을 일구도록 하는 것이다. 이미 몇몇 캠핑객이 씨감자를 심으면서 밭은 활기가 넘친다. 그야말로 귀농 맛보기 체험이다. 여기가 과연 수도권인가 헷갈릴 때쯤 어느새 시골집에서의 하룻밤이 저문다.

서울에서 6번 국도를 따라 팔당대교를 지나 진중 삼거리에서 45번 국도를 탄다. 운길산역을 끼고 진중리 방향을 따라간다. 주필거미박물관과 세정사를 지나면 깊은산속옹달샘캠핑장 표지판이 보인다. 여기서 운길산 정상까지는 걸어서 2시간이다. 운길산역에서 캠핑장까지는 4.2km. 내비게이션에는 '경기도 남양주시 조안면 진중리 570번지'를 치면 된다.

개수대와 화장실이 모두 갖춰져 있다. 샤워시설은 있지만 온수가 나오지 않는다. 캠핑장 아래쪽 사이트는 그늘이 부족하므로 타프를 챙겨야 한다. 위쪽 사이트는 숲에 파묻혀 있어 아늑한 느낌이 들지만 전기시설이 조금 멀어 릴선을 챙겨야 한다. 텐트 1동당 1박 2만5천 원, 전기료 5천 원. 황토집에서도 민박을 할 수 있다. 1박에 5만 원. 여유 있는 캠핑장 운영을 위해 50동까지만 예약을 받는다. 주말농장 대여비는 1년에 10만 원이다. 예약 문의는 카페 cafe.daum.net/Ongdalsem, 011.352.1233

동
해

캠핑카로 즐기는 이색 휴양

리 오 망
조 토 상
트 캠
핑

가평 자라섬캠핑장, 연천 한탄강캠핑장, 동
해 망상캠핑리조트는 국내 3대 오토캠핑장
으로 꼽힌다. 천혜의 자연환경과 더불어 국
제적인 규격을 갖춘 시설이 조화를 이룬 곳
이다.

7번 국도를 타고 강원도 바다를 훑을 때마다 '망상해변'은 여행객의 로망이 된다. 약 2km에 달하는 모래사장 앞으로 넘실대는 쪽빛바다에 먼저 마음을 빼앗긴다. 이어 소나무숲 사이로 요요히 모습을 드러내는 캠핑카를 보면 '망상'에 대한 열망은 커져간다. 캠핑카에 누워 파도 소리에 잠드는 것. 영화에서만 보는 장면이 아니다. 망상 오토캠핑리조트에서는 직접 '캠핑카' 이색 휴양을 체험할 수 있다.

사랑을 그리는 바다, 망상 해변

'망상'은 원래 너른 들판이라는 뜻으로 마상평(馬上坪)이라 불렸다. 조선시대에 망상(望祥)으로 이름이 바뀌면서 '상서로움을 바라다', 즉 '좋은 일을 꿈꾼다'는 의미를 갖게 됐다. '망상'은 조선 중기의 문신이자 시인인 정철이 지은 시 제목이기도 하다.

> 눈앞에 뜬 달 한번 상서롭게 바라보았으나
> 자욱한 구름 바다에 가려 소식이 망망하네.
> 이번에 진주길 밟은 일 후회하노니
> 나그네 마음은 창자 끊는 아픔일세.

강원도 관찰사 직책을 수행하던 정철은 삼척에서 '소복'이라는 관기와 사랑에 빠지는데, 나중에 소복을 다시 찾았을 때 그녀는 다른 유생의 첩이 되어 있었다. 옛 삼척을 뜻하는 '진주길'을 밟으며 정철은 애달픈 마음을 시로 남겼는데, 그 시가 망상해변의 이름이 됐다.

1

2

1 ──────
옥계휴게소 위에서 바라본 망상해변. 송림 바깥쪽으로는 고속도로와 7번 국도가 나란히 보이고 안쪽에는 모래사장이 길게 뻗어 있다. 바다가 부드러운 곡선을 그리며 푸른 물결을 형성한다.

2 ──────
망상 해변을 둘러싸고 울창한 송림이 조성돼 있다. 텐트 사이트 위로 시원한 소나무그늘이 드리운다.

'캠핑'을 테마로 바다휴양지가 생기다

강원도 해수욕장에서 망상 해변은 1년 내내 진풍경을 연출한다. 모래사장을 바라보고 줄을 선 80여 대의 캠핑카 덕분이다. 마치 바닷가에 캠핑카 마을이 들어선 모습이다. 정철이 '사랑의 애달픔'을 노래하던 망상 해변은 이제 '캠핑의 유쾌함'으로 가득 차 있다.

망상캠핑장은 2002년 세계캠핑캐라바닝대회를 열면서 국제 규격을 갖췄다. 깨끗한 바다와 최신식 시설을 갖춰 국내 3대 오토캠핑장 중 하나로 꼽힌다. 그런데 망상오토캠핑리조트는 캠핑장의 느낌보다는 '캠핑'을 테마로 한 휴양지의 느낌이 강하다. 텐트를 칠 수 있는 사이트가 10동에 불과하기 때문이다. 10월 초까지 예약이 꽉 차 있을 정도로 텐트 사이트의 예약 경쟁은 치열하다. 그러다 보니 망상에서는 '텐트'보다 '캠핑카' 체험이 주가 된다. 민간업체에서 운영하는 것까지 모두 83대의 캠핑카가 있다. 망상캠핑장은 '리조트'답게 다양한 숙영시설도 갖췄다. 서양식 별장을 본뜬 아메리칸 코티지를 비롯해 원목으로 지은 캐빈 하우스, 3층 연립형의 패밀리 로지 등의 시설이 들어섰다.

3

4   5

3 ——— 망상의 바다는 맑디맑다. 먼 바다에서 시작된 쪽빛이 점차 옅어지면서 투명해지는 모습이 일품이다.

4 ——— 망상오토캠핑리조트에서는 텐트를 치는 공간보다 캠핑카 사이트가 훨씬 더 많다. '리조트'라는 말이 실감날 정도다.

5 ——— 캠핑카 안은 여느 펜션 못지않게 시설이 좋다. 조리공간과 화장실은 물론이고 침대와 에어컨까지 갖췄다.

바다가 손짓하는 7번 국도 따라 강원도 여행

망상캠핑장의 강점은 바로 망상 해변이다. 캠핑장 바로 앞에 있는 옥빛바다는 맑고 투명하다. 여름에는 해양스포츠와 물놀이를 즐기기 좋아 많은 인파가 몰린다. 굳이 '여름'이 아니어도 망상의 즐거움은 많다. 여름에만 야영을 허용하는 해수욕장과는 달리 망상캠핑장은 365일 문을 연다. 망상에 거점을 두고 주변 관광지 탐방에 나서는 것도 동해 캠핑의 또다른 재미. 천곡동굴, 무릉계곡, 묵호항, 추암 촛대바위, 끝자리 3·8일에 서는 북평5일장 등은 동해 삼척 여행의 주요 테마이다. 또 고성~속초~강릉~동해~삼척까지 7번 국도를 따라 강원도 바다 여행도 좋다. 크고 작은 항구와 이름 모를 해수욕장을 지나다 마음이 끌리는 곳에 차를 세우면 그만이다. 운이 좋으면 '망상 해변'보다 더 아름다운 '나만의 해변'을 발견할지 모른다.

■ 자동차로는 동해고속도로 망상IC에서 나와 7번 국도를 타고 강릉 방면으로 올라오면 망상오토캠핑리조트가 보인다. 비행기를 이용하면 양양국제공항에서 내리면 된다. 양양에서 동해까지 차로 약 1시간 정도 걸린다. 내비게이션에는 '강원도 동해시 망상동 393-39'를 입력하면 된다.

▲ 동해 망상오토캠핑리조트에는 텐트를 칠 수 있는 사이트가 10동 뿐이다. 두 달 전에 미리 예약할 수 있는데 100% 예약율을 기록할 만큼 예약 경쟁이 치열하다. 캠핑카는 민간업체가 운영하는 것까지 83개. 이 외에도 서양식 별장을 본뜬 아메리칸 코티지를 비롯해 원목으로 지은 케빈 하우스, 3층 연립형의 패밀리 로지 등의 시설을 이용할 수 있다. 이용 금액은 텐트 사이트 1동당 성수기 3만3천 원, 비수기 2만2천~2만7천5백 원이다. 캠핑카 이용료는 4인 기준 1박에 4만4천~11만 원. 아메리칸 코티지 등 펜션형 숙영 시설 이용료는 5만5천~38만5천 원으로 다양하다. 동해 망상오토캠핑리조트 www.campingkorea.or.kr, 033.534.3110 / 534.3185~6 / 리조트 내 민간업체 캠핑카 예약 033.534.3560

대천
캠핑장

애육원 나래뜰

어린 꿈나래를 펼치는 나눔의 장

캠핑을 하면 가족애가 돈독해진다. 캠핑 이웃 간에도 정이 쌓인다. 그런데 나래뜰을 찾으면 나눔의 정도 돈독해진다. 애육원 친구들에게 작은 힐링을 줄 수 있기 때문이다.

'나래뜰'은 아이들이 마음껏 나래를 펼치라는 뜻에서 생긴 이름이다. 원래 대천애육원에 있는 강당의 이름이기도 하다. 대천애육원은 1952년부터 도움이 필요한 아동 중 입양, 대리양육, 가정위탁 등 가정보호를 할 수 없는 아동을 양육하는 곳이다. 그런데 2008년 이곳에 캠핑장이 문을 열었다. 다소 의문이 간다. 어째서 애육원 뒷마당에 캠핑장이 들어선 것일까.

후원자들이 하루 묵어가는 곳으로 시작했지요

대천해수욕장 가는 길에 접어들었다. 길 한편에 '아동복지 대천애육원' 표지판이 보인다. 바로 옆에는 '나래뜰 표지판'이 있다. 표지판을 지나 500여 m. 좁은 길은 마을과는 거리가 있어서인지 매우 한적하다. 고즈넉한 길 끝자락에 애육원이 나타나고 곧이어 나래뜰캠핑장이 보인다. 캠핑장이라 봤자 잔디를 깐 너른 공터다. 이미 몇 가족이 보금자리를 틀고 김을 모락모락 피우며 식사 준비를 하고 있다.

　　때마침 이날은 애육원에서 파티가 열렸다. 후원자들과 애육원 가족들이 대하구이 바비큐를 할 모양이다. 조용한 애육원에 활기가 넘친다. 후원자 중 나래뜰캠핑장 아이디어를 낸 송명희씨를 만날 수 있었다. 송씨는 "2000년부터 대천애육원을 알게 돼 친한 친구들과 같이 후원을 하고 있었어요. 그런데 제가 캠핑하는 것을 즐겼거든요. 나래뜰 강당 뒤편에 있는 너른 공터가 캠핑장으로 보이는 거예요"라며 말문을 연다. "애육원 후원자들이 대부분 먼 곳에 살고 있으니 이곳에 왔다가 하루쯤 묵어가고 싶어 했거든요. 그래서 애육원에 들러서 나눔 활동을 하고 너른 공터에서 텐트를 치고 잠을 청했죠"라며 캠핑장 탄생 과정을 설명한다. 표지판과 나무 등 캠핑장 시설의 대부분이 후원자들의 손길로 만들어졌다.

1

2

1   한참 캠핑을 준비하고 있는데
폴딩 트레일러를 장착한 차량이 들
어왔다. 모두의 시선을 사로잡은 트
레일러는 곧 으리으리한 생활공간
으로 변신했다.

2   나래뜰캠핑장 대부분의 시설이
후원자들의 도움으로 이뤄졌다. 캠
핑장 운영은 수익 사업이 아니어서
운영도 후원회에서 관리한다. 나무
한 그루 한 그루도 모두 후원자들의
도움으로 심어졌다.

나래뜰캠핑이 나눔으로 이어지더라고요

나래뜰은 2006년 지어진 강당의 이름이다. 대천애육원 전 욱현 이사장은 "원래 이곳 지명이 '나래 뜰'이었다고 해요. 후원자들이 아이들의 나래를 펼치라며 강당 이름을 '나래뜰'이라고 지어줬죠"라고 말한다. 캠핑객들은 나래뜰 뒷마당에서 텐트를 치고 화장실과 샤워실은 강당시설을 이용한다. 그래도 캠핑장은 수익 사업이라고는 할 수 없다. 한 가족당 1박에 1만5천 원 사용료를 2만 원으로 올린 것도 이때문이다. 전 이사장은 "물 사용료, 전기 사용료를 빼고 나면 남는 게 없어서 사실 수익이라고는 할 수 없어요. 하지만 후원자들이 이곳까지 와서 하루라도 묵고 갈 수 있도록 배려하는 차원에서 시작한 거죠"라고 설명한다.

그러나 나래뜰캠핑장의 긍정적 효과는 과소평가할 수 없다. 캠핑객들이 한번 나래뜰을 찾으면 이곳을 잊지 못하고 도움의 손길을 보내기 때문이다. 대천애육원 김송자 원장은 나래뜰을 찾는 캠핑객에게 먹을 것을 챙겨준다. 심지어 인근에서 즐길 수 있는 관광 코스까지 친절하게 소개해준다. 나래뜰의 따스함을 느낀 캠핑객들은 후원비는 물론이고 책이며, 옷가지를 보내오기 시작했다. 캠핑의 즐거움이 나눔과 힐링의 따스함으로 발전한 것이다.

3 ——————
애육원 산책로를 따라 10분만
걸으면 바다가 보인다. 태풍 때문에
길이 막혀 바닷가를 찍진 못했지만
산책로에 떨어져 있는 밤송이가 탐
스러워 카메라에 담았다.

4 ——————
산책로를 걷는데 고양이가 저
멀리에서 인사를 한다. 먹을 것을
주니 경계를 하다가 이내 다가와 받
아먹는다. 사진기 셔터 소리에 놀라
다가도 먹을 걸 주면 다시 와서 먹
는다. 산책로 내내 쫓아오다가 뒤를
돌아보니 사라진 뒤였다.

즐길 거리가 넘치는 나래뜰캠핑장

가끔씩 나래뜰캠핑장을 찾는다는 박래송·이향숙 부부는 "인터넷 카페에서 나래뜰을 알았어요. 나래뜰 가족들을 도울 수 있어서 좋고요. 인근에 볼거리도 많아 이곳으로 오게 됐죠"라고 말한다. 박래송 씨 가족은 오전에는 대천해수욕장으로 나가 갯벌체험을 즐겼다. 즉석에서 잡은 물고기와 해물로 캠핑 요리도 그득하게 차렸다. 아이들은 캠핑장에 떨어진 도토리를 줍기에 여념이 없다. 애육원 앞에 있는 놀이터에서 노는 동안 자연스레 애육원 친구들과도 어울린다.

애육원 앞에서 캠핑을 하면 애육원 가족들에게 부정적인 영향을 끼치지 않을까 걱정하는 목소리도 있었다. 그러나 대천애육원 후원단체인 '바닷가아이들' 회장 송명희씨는 "사회와 분리돼 있다시피 했던 애육원 친구들이 캠핑객들과 자연스럽게 교류하면서 표정이 밝아지기 시작했어요. 캠핑을 온 아이들과 대화를 나누기도 하고요. '가족'의 개념을 배우고 익히며 밝은 미래를 꿈꾸기 시작했다고 할까요"라고 설명한다. 평소에는 애육원 가족들도 직접 텐트를 치고 캠핑을 즐기기도 한다. 후원단체 '바닷가아이들'은 성탄절이 되면 산타클로스 복장을 하고 나래뜰 애육원 친구들에게 선물을 전달한다. 바닷가아이들의 후원비는 100% 애육원 친구들의 학비를 위해 쓰인다. 애육원생들에게 대학 진학 이후 비용은 정부에서 지원이 되지 않기 때문이다. 이번 주말, 캠핑의 따스한 정을 나래뜰에서 나눠보는 건 어떨까.

서해안고속도로 대천IC에서 나와 대천해수욕장 방면으로 간다. 36번 국도를 따라 가다보면 오른쪽에 '대천애육원' 및 '바닷가아이들' 표지판이 보인다. 좁은 길로 500여 m를 들어가면 대천애육원이 나오고 뒤쪽 나래뜰 강당 마당이 나래뜰캠핑장이다. 내비게이션으로는 '충청남도 보령시 신흑동 647-2번지'를 찾으면 된다.

이용료 1가족당 1박에 2만 원(전기료, 물 사용료 포함). 캠핑면 20곳(예약제로 운영. 20사이트 외에는 빌려주지 않음), 샤워실 2곳, 화장실 2곳, 전기 사용 가능. 그늘이 다소 부족하므로 타프를 꼭 챙겨야 한다. 장작 한 꾸러미 5천 원에 구매 가능. 캠핑장 뒤쪽으로 산책로가 나 있다. 10분 정도 걸으면 바다가 보인다. 대천해수욕장까지는 승용차로 5분 거리다. 예약 문의 070.8270.8765

애육원 바로 옆에 캠핑장이 있기 때문에 밤 10시 이후에는 소음 발생에 유의해야 한다. 1박 2만 원의 사용료로는 애육원에 큰 도움이 되지 않는다. 기타 후원을 원한다면 041.933.9771로 문의.

무
주

너 그 러 운 산 속 에 서 의 하 룻 밤

야 덕
영 유
장 대

덕유대야영장은 구천동 33경의 한가운데
위치해 있다. 국립공원 내 야영장 중 가장
큰 규모를 자랑하지만 숲속에 야영지가 아
늑하게 자리잡아 캠핑객이라면 한 번쯤 묵
어가고 싶은 곳으로 꼽힌다.

덕유산은 덕이 많고 너그러운 산이다. 임진왜란 때 왜병들의 길을 안개로 막아 산속에 숨은 백성의 목숨을 구했기 때문이다. 그 뒤로 '광여산(匡廬山)'에서 '덕유산(德裕山)'으로 이름이 바뀌었다. 너그러운 품 덕분인지 덕유산국립공원은 1982년부터 캠핑객을 품었다. 덕유대야영장은 이름 속 '대(大)'자가 들어간 것처럼 국립공원 중 가장 큰 규모의 야영장(947,646m²)을 갖췄다. 자랑할만한 것은 크기뿐만이 아니다. 무주구천동 계곡가에 자리잡은 야영장은 덕유산의 너그러운 품으로 캠핑객을 끌어안으며 구천동 절경 속으로 안내한다.

굽이굽이 산속에 자리한 대형 캠핑장

덕유산(德裕山·1614m)은 무주와 장수, 경남 거창과 함양 등 4개 군에 걸쳐 있다. 산의 정상인 향적봉을 중심으로 30km를 흐른 산줄기는 마치 거대한 파도처럼 위엄을 과시한다. 그중 구천동은 심산유곡의 상징이라 해도 과언이 아닐 정도로 굽이굽이 절경을 자랑한다. 덕유대야영장은 바로 구천동 33경이 포진해 있는 산줄기에 있다. 오토캠핑객이라면 라제통문을 지나 37번 국도를 타고 덕유대야영장까지 오는 것이 좋다. 옛 백제와 신라의 관문이었던 라제통문부터 제14경 수경대까지는 외구천동, 제15경 월하탄부터 제33경 향적봉까지는 내구천동이다. 야영장은 월하탄 인근에 위치했다. 외구천동의 절경을 만끽하는 드라이브가 덕유산 캠핑의 첫 즐거움을 선사한다.

덕유대야영장은 덕유산국립공원 삼공지구 사무소를 지나면 바로 나타난다. 캠핑 사이트가 1,750동에 달하기 때문에 인터넷 예약은 받지 않는다. 선착순으로 입장해 자리를 잡으면 된다. 1일 수용인원이 7천여 명에 달하지만 여름 성수기에는 캠핑 사이트가 없을 정도로 인기가 많다. 야영지는 총 7개 구간으로 나뉜다. 아래쪽에 위치한 제7야영장은 각 사이트마다 전기시설 및 주차장을 갖췄다. 85면의 오토캠핑 사이트가 구축돼 있어 이용하기 편리하다. 차를 타고 위쪽으로 더 올라가면 1~6야영지가 차례로 나온다. 이곳은 산속에 텐트를 칠 수 있다. 차를 아래쪽에 주차하고 캠핑장비를 옮기는 불편함도 잠시, 숲속의 아늑함에 취하고야 만다. 사방에 켜켜이 쌓인 덕유산자락이 시야를 채우기 때문이다.

1

2

1 ──────────
야영장을 찾은 가족들에게서는 행복의 냄새가 난다. 저렇게 텐트 앞에 둘러앉아 식사를 함께하는 것만으로도 힐링이 찾아온다.

2 ──────────
텐트가 자연과 색깔 맞춤을 했다. 요즘 속어로 저렇게 색을 맞추는 걸 '깔맞춤' 한다고 하던데, 텐트와 자연이 어우러진 모습이 보기 좋다.

이름·나이·직업은 몰라도 마음으로 통해요

캠핑을 간 날 마침 네이버 카페 '캠핑 퍼스트' 정기모임이 있었다. 500여 가족이 산속에 텐트를 치기 시작한다. 울긋불긋한 단풍과 알록달록한 텐트가 산을 물들이는가 싶더니 이내 구수한 음식 냄새가 야영장에 퍼진다. 야영객들은 서로의 이름도, 나이도, 직업도 묻지 않는다. 그렇지만 서로 텐트 치는 것을 도와주고 담소를 나눈다. 캠핑 5년차인 김태철씨 부부는 중학생 자녀와 함께 덕유산을 찾았다. 김태철씨는 "캠핑은 현실을 잠시 떠나오는 것이기 때문에 캠핑객들끼리 서로 신상을 묻지 않는 게 불문율이에요. 하지만 음식도 나눠먹고 캠핑 최신 정보도 공유하죠. 캠핑 5년차여도 항상 배울 게 생깁니다"라고 말한다.

가족보다 하루 먼저 덕유대야영장에 도착해 자리를 잡은 박광일씨는 직접 캠핑도구를 만들 정도로 캠핑 마니아이다. 박씨는 "처음에는 장비를 사기 시작했는데 캠핑이 좋아지면서 나만의 장비를 갖고 싶더라고요. 그래서 재봉을 배워 텐트를 제작했죠"라며 손수 만든 티피형 텐트를 소개한다. 의자와 야전침대 등도 손수 리폼을 하여 나만의 장비를 챙겼다. "비싼 장비를 군이 구입할 필요는 없어요. 자연을 느낄 수 있는 최소한의 장비로도 훌륭한 캠핑을 할 수 있습니다"라고 조언한다.

3

4   5

3 ———————
　덕유대야영장 1~6영지는 랜턴
이 필수다. 가로등이 있지만 산속에
캠핑 사이트가 있어 어둠 속에 발을
헛디디기 일쑤다. 어린이가 움직일
때면 부모가 조명을 비춰주며 길을
안내한다.

4 ———————
　화로에서 숯을 피는 것은 인내를
요한다. 그래도 가족들은 즐겁기만
하다. 자연 속에 시간을 맡기는 것이
힐링캠핑의 법칙이기 때문이다.

5 ———————
　캠핑을 가면 항상 귀인을 만난
다. 덕유산에서 만난 귀인은 박광일
씨다. 캠핑을 좋아해 직접 텐트를 제
작하는 것은 물론이고 장비도 리폼
해서 나만의 장비를 가지고 다닌다.

봄·여름·가을·겨울 사계절 덕유산 즐기기

1980~90년대 덕유대야영장은 주로 기업 및 학교의 단체 행사장으로 활용됐다. 그러나 2000년대 들어 오토캠핑객이 늘면서 가족 단위 야영객이 덕유산을 찾기 시작했다. 캠핑객들은 사시사철 덕유산의 매력에 빠질 수 있는 것을 가장 큰 강점으로 꼽는다. 봄에는 철쭉이 덕유산을 수놓고 여름에는 시원한 구천동 계곡이 더위를 식혀준다. 가을 단풍은 야영지에 포근한 카펫을 깔아주고 겨울에는 설경이 눈 호강을 시켜준다.

야영장에서 이어지는 덕유산 산행도 빼놓을 수 없는 매력이다. 야영장에서 백련사까지 오르는 길은 경사가 완만하다. 천천히 걸으면 2시간 정도 거리다. 백련사에서 향적봉까지는 가파른 길이다. 1시간 30분 정도 걸어야 한다. 힘든 산행이 부담된다면 야영장에서 차를 타고 5분 거리에 위치한 무주리조트에서 곤돌라를 이용하면 된다. 곤돌라를 타고 설천봉에서 내리면 도보로 20분 거리에 향적봉이 있다. 발아래 깔린 덕유산은 겹겹이 넓은 팔을 펼치면서 순식간에 마음을 빼앗아간다.

무주행 버스를 타고 무주터미널에서 내려 구천동행 버스를 탄다. 삼공주차장까지 40여 분이 소요된다. 삼공주차장에서 덕유산야영장 매표소로 오면 된다. 기차를 이용할 경우 대전역에서 내려 대전 동부 시외버스터미널로 이동한다. 다시 구천동행 버스를 타면 약 1시간 40여 분 만에 삼공주차장에 도착한다. 오토캠핑객이라면 무주IC에서 나와 19번 국도를 타고 다시 49번 지방도를 이용해 삼공주차장에 들어가면 된다. 외구천동 드라이브를 즐기고 싶다면 라제통문을 지나는 37번 국도를 통해 가는 것을 추천한다. 내비게이션에는 '전북 무주군 설천면 삼공리 411-8번지'를 입력하면 된다.

이용료 1~6야영지(일반 야영장): 성인 1인 기준 1일에 2천7백 원. 7야영지(오토캠핑장): 캠핑 사이트 한 면당 9천~1만7천 원, 전기료 2천 원. 일반 야영장 주차료: 4천 원(비수기) 5천 원(성수기) deogyu.knps.or.kr, 063.322.3374

오토캠핑장은 그늘이 부족하므로 타프를 챙기는 것이 좋다. 1~6야영지는 나무그늘이 시원하게 드리운다. 단, 전기를 사용할 수 없다.

부
안

겨 울 파 도 를 감 싼 은 빛 모 래

야 고
영 사
장 포

새만금 공사로 떠들썩한 변산반도에 유독
평화로운 해수욕장이 있다. 고운 모래를 안
은 고사포해수욕장은 주말마다 늠름한 소나
무숲속 쉼터로 캠핑객을 인도한다.

겨울 파도가 예사롭지 않다. 변산반도의 은빛모래가 으르렁 포효하는 바다에 몸을 움츠린다. 겨울이 한껏 내려앉은 주말 전북 부안 고사포해수욕장을 찾았다. 길이 2km의 우아한 송림이 바닷바람을 막아섰지만 겨울의 기세를 막기에는 버거워 보인다. 바람과 추위가 힘자랑을 하는 거친 날씨. 이런 악천후 속에 겨울바다를 마주보고 10여 동의 텐트가 자리를 틀었다. 고사포는 호락호락 쉽게 겨울밤을 내주지 않았지만 바닷바람을 이겨낸 텐트 안에서는 웃음소리가 퍼졌다.

소중해서 숨기고픈 절경, 고사포

전북 부안 고사포는 변산해수욕장에서 격포로 가는 해안선의 중간 지점에 있다. 인파가 몰리는 관광지가 양옆에 포진해 있지만 고사포는 인근 해수욕장과는 사뭇 다른 분위기다. 우선 해수욕장 입구부터 소박하다. '고사포' 표지판을 따라 큰 입구로 올라가면 원광대학교 수련원이 나온다. 널찍한 주차장이 있지만 이곳은 고사포해수욕장 주차장이 아니다. 수련원 옆 펜션 왼쪽으로 난 좁은 길이 고사포야 영장으로 들어가는 길이다.

　　　길을 따라 올라서면 소나무숲이 펼쳐진다. 거센 파도 소리를 흡수라도 할 것처럼 소나무숲이 늠름하게 바다 앞을 지킨다. 넉넉하게 간격을 유지하고 있는 소나무 사이사이로 텐트가 자리했다. 숲을 걸어 나가면 바로 새하얀 모래벌판이 바다를 머금는다. 고사포에서 가족과 함께 캠핑을 하고 있던 김진태씨는 "고사포의 아침은 더할 나위 없이 아름답습니다. 잠에서 깨 텐트 밖으로 나가면 시야에 온통 송림과 바다뿐이에요. 이런 곳이 또 없죠"라고 말한다. 한 캠핑객은 고사포가 언론에 노출되는 게 싫다고 말한다. 그만큼 아까워서 숨기고픈 절경이라는 것이다.

1

2

1 고사포해수욕장에 서면 하섬이 보인다. 고사포에서 바닷길로 약 2km에 위치한 하섬은 간조가 되면 수심 약 9m의 바다가 2~3일 동안 너비 약 20m, 길이 2km로 갈라져 바닷길을 드러낸다.

2 고사포야영장은 전북 태안의 몽산포해수욕장과 느낌이 비슷하다. 몽산포해수욕장을 축소한 듯한 느낌이 드는데 아늑해서 조용히 캠핑하기에는 더 좋다.

겨울 바닷바람에 도전하다

고사포는 빼어난 절경을 간직하고 있지만 겨울 바닷바람은 결코 호락호락한 상대가 아니다. 몇 팀은 거센 바람에 누워버리는 텐트를 마주하자 일찌감치 포기하고 자리를 떴다. 튼튼히 가족을 지켜줄 것만 같던 타프는 밤새 바람에 시달리다 찢어지고야 말았다. 칠흑같은 어둠 속에서 텐트 팩을 다시 박는 진풍경이 연출됐다. 인터넷 동호회 '캠핑 퍼스트' 전주방에서 고사포로 함께 캠핑을 나선 4팀도 간밤의 바람에 녹초가 됐다. 서로의 자동차로 해풍을 막으며 밤을 지새운 덕에 캠핑객들은 아침이 되자 가족처럼 가까워졌다.

캠핑객 김한규씨는 "날씨가 궂을 때는 가족의 안전이 최우선입니다. 예측할 수 없는 자연의 힘에 겸손해질 줄도 알아야 해요"라며 주의를 당부한다. 캠핑을 계획했더라도 위험을 느낀다면 과감히 철수하기를 권고한다. 김씨는 "바닷바람의 방향은 쉽게 예측하기 어려워요. 텐트를 칠 때는 폴을 세우기 전에 팩부터 박으면 도움이 됩니다. 텐트를 세우고 나서 다시 팩을 단단하게 박는 거죠"라고 조언한다. 김진태씨는 "평소 텐트 사이트를 선택할 때 지형지물이 없는 탁 트인 공간을 선호한다면 이렇게 바람이 많이 부는 날에는 바람을 막아줄 공간을 선택하세요. 바람이 부는 쪽에 자동차를 두는 것도 큰 도움이 됩니다"라고 말한다.

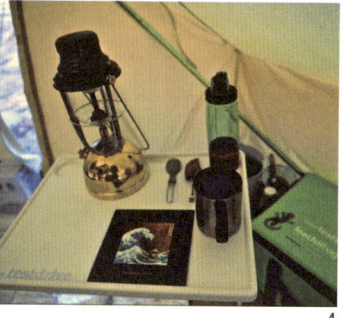

3

4   5

3

텐트 안에서 겨울 바다를 본다는 것은 멋진 일이다. 투명 창을 마련해 바로 바다가 보이도록 꾸민 텐트 안에서 아이들이 이야기꽃을 피운다.

4

전문 캠퍼 김한규씨의 텐트 안은 마치 서재를 옮긴 듯한 모습이다. 손때 묻은 야영장비가 각을 맞춰 정돈돼 있다.

5

부모님과 한 달에 두 번씩 캠핑을 다닌다는 송현지 양. 아버지가 커피를 내리는 모습을 신기한 듯 바라본다. "고사포에서 야영을 하니 마치 자연학습을 나온 것 같다"고 말했다.

값 없이 머무르는 절경 야영장

고사포야영장은 변산반도국립공원에서 관리한다. 취사장과 화장실이 항상 깨끗한 이유다. 야영장 이용도 무료다. 때문에 캠핑객은 고사포에 올 때마다 미안함을 느낀다고 한다. 트위터 아이디 @zzangddoly를 사용하는 캠핑객은 "무료로 이용하는 만큼 더 깨끗하게 머물렀으면 좋겠어요. 와서 먹고 놀고 쓰레기만 만들고 가는 것이 아니라 캠핑 문화 덕에 고사포 지역경제가 좀 살아났으면 하는 바람도 있고요"라고 말한다. 값없이 머무르지만 고사포는 인공적인 것을 전혀 섞지 않은 날것의 풍광을 선사한다. 초등학생 송현지양은 "고사포에서 야영하니까 자연학습을 온 느낌이에요. 소나무숲도 예쁘고 바다가 한눈에 보여서 참 좋아요"라고 말했다.

🚌　　　대중교통을 이용한다면 부안읍내에서 변산을 경유하는 격포행 부안여객 (063-582-6363) 시내버스를 타면 된다. 부안읍내에서 고사포 송림해수욕장까지 40분 정도 소요된다. 버스는 30분 간격으로 운행된다. 차를 몰고 올 경우 서해안고속도로 부안 IC(30번 국도)로 나와 변산반도 해안도로를 따라 내려오면 고사포해수욕장 표지판이 보인다. 원광대학교 수련원 입구로 들어가면 안 되고 펜션 왼쪽으로 나 있는 길로 올라가야 야영장이 나온다. 내비게이션에는 '전북 부안군 변산면 운산리 441-7'을 입력하면 된다.

⛺　　　야영장 이용은 무료다. 변산반도국립공원에서 관리하기 때문에 취사장과 화장실이 깨끗한 편이다. 단 여름철에 송림 내에 있는 사유지에서 캠핑을 하려면 땅 주인에게 이용료를 내야 한다. 샤워장은 여름에만 사용 가능하다. 전기는 사용할 수 없다. 전기를 사용하려면 인근 펜션에 돈을 지불하고 사용해야 한다. 전기 사용료가 1박에 1만5천 원이다. 겨울철에는 바닷바람이 거세기 때문에 사이트 구축에 유의해야 한다. 바람을 막을 수 있는 지형지물을 이용하는 것도 도움이 된다.

➕➕　　　걷기 여행을 즐긴다면 변산반도 마실길을 걸어보는 것도 좋다. 새만금 전시관에서 시작해 서두터~대항리패총~팔각정~변산해수욕장~사망마을~노리목~원광대학교 수련원~고사포해수욕장~하섬 전망대~반월마을~적벽강~수성당~격포해수욕장~채석강으로 이어지는 약 17km의 길이다.

서
산

서 산 끝 자 락 푸 른 바 다

벌
천
포

오
토
캠
핑
장

서산 끝자락에 그림 같은 해수욕장이 있다.
기암괴석과 몽돌 해변을 동시에 만날 수 있
는 곳, '벌천포해수욕장'에 오토캠핑장이 생
겼다.

"서산 끝자락이라 끝말, 벌말이라 했지." 벌말 토박이 주민들은 그저
'서산 끝자락'일 뿐이라 했다. 서산에서 반도 지형으로 바다에 다가
선 땅. 벌말은 서산의 끝이지만 바다를 가장 많이 품은 땅이기도 하
다. 벌말의 끝, 벌천포는 기암괴석과 몽돌 해변을 동시에 거느리며
아름다운 풍광을 선사한다.

기암괴석을 품은 올빼미목

벌말은 서산에서 바닷가 쪽으로 한참을 가야 도달한다. 염전과 갯벌, 어촌마을을 지나면 커다란 바위섬이 아슬아슬 육지와 연결돼 있다. 기암괴석을 품은 커다란 바위섬은 '올빼미목'이라 불렸다. 예부터 올빼미가 많이 살아서란다. 벌말에서 올빼미목까지 길게 늘어선 땅에 몽돌 해변이 펼쳐진다. 둥글둥글 매끈한 몽돌이 깨끗한 바닷물과 만난다. 피서객들은 "서해에서 이렇게 투명한 바다를 만날 수 있냐"며 감탄을 금치 못한다.

벌천포오토캠핑장 길두현 사장은 "벌천포 인근에는 갯벌이 없어요. 몽돌과 바위만 있어서인지 물이 투명하리만큼 맑습니다"라고 말한다. 올빼미목 안쪽으로 들어서면 진풍경이 연출된다. 파도가 깎아지른 기암괴석에 부딪혀 하얗게 부서진다. 인적이 잘 들지 않는 올빼미목에서는 갈매기 떼가 수시로 쉼을 청한다. 길 사장은 "10년 전 지인에게 벌천포를 소개받았어요. 기암괴석과 몽돌 해변에 반해 터를 잡고 오토캠핑장을 열게 됐어요"라고 말한다.

1

2

1 ——————
벌천포해수욕장은 몽돌 해변이
다. 주변에 갯벌이 없어 물이 맑다.

2 ——————
올빼미목 끝자락에는 기암괴석
이 장관을 이룬다. 캠핑장에서 올빼
미목 쪽으로 산책을 나가면 기암괴
석 위를 날아다니는 갈매기 떼도 쉽
게 볼 수 있다.

소나무숲에서 몽돌해변을 즐기다

벌천포오토캠핑장은 3면이 바다에 둘러싸인 모습이다. 캠핑장에는 소나무숲이 형성돼 있다. 수십년 전부터 자연적으로 형성된 송림이다. 10대의 카라반은 서산 바다 쪽을 향해 있다. 바다 위로는 벌말 어민의 고기잡이배가 한가로이 떠다닌다. 송림이 끝나는 지점부터 바로 몽돌 해변이 시작된다. 캠핑객들은 소나무숲에서 몽돌 해변을 독점하다시피 사용한다.

텐트는 소나무숲아래 자유롭게 칠 수 있다. 벌천포의 노지는 모래가 섞인 땅이라 물빠짐이 좋다. 당진 방면 바다를 바라보고도 텐트를 칠 수 있다. 바다 멀리 당진화학단지 야경이 아득하게 펼쳐진다.

3

4

5

3 ———
고기잡이를 나가지 않은 배들
이 벌말 바다에 몸이 묶였다. 벌천
포에 텐트를 치고 앉아 있으면 크고
작은 배들이 바다 위를 오가는 모습
을 보게 된다. 벌말 주민들의 배다.

4 ———
벌천포 오토캠핑장의 카라반은
모두 서산 방면 바다를 향해 있다.

5 ———
벌천포 인근에 통포 염전 등 크
고 작은 염전이 있다. 질 좋은 천일
염을 내는 것으로 유명하다.

고즈넉한 어촌 풍경, 벌말

벌천포에 들어서기 위해서는 '벌말'을 지나야 한다. 30호 정도가 사는 작은 어촌마을. 토박이 주민들은 "요즘엔 벌말보다 '가로림만'이라 불러요. 서산과 당진을 가르는 긴 땅이라 가로림만이라 부르는 거죠"라고 말한다. 벌천포는 아름다운 풍광에 비해 널리 알려지지는 않았다. 주민들은 "주변보다 낙후됐다"고 말하지만 벌말은 고즈넉한 어촌 풍경이 매력적인 곳이다. 깨끗한 바다가 유지되는 비결이기도 하다.

벌말 인근에는 통포염전을 비롯해 크고 작은 염전이 많다. 질 좋은 천일염을 내는 것으로 유명해 일부러 소금을 사가는 사람도 있다. 캠핑 음식으로 회를 즐긴다면 벌말식당을 이용하는 것도 좋다. 매일 고기잡이배를 타고 자연산 우럭, 광어를 잡아 올린다. 고즈넉한 시골 풍경만큼이나 주민들의 인심도 후하다.

🚐　　　서해안고속도로를 타고 당진IC에서 나온다. 잠홍 삼거리에서 우회전해 성연면 방향으로 간다. 지곡 교차로에서 다시 29번 지방도를 타고 대산읍 방향으로 가다가 대산 교차로에서 가로림로를 따라 바닷가 끝으로 달린다. 벌천포는 당진과 서산을 가르는 가로림만 깊숙이 작은 반도 끝자락에 있다. 내비게이션에는 '충남 서산시 대산읍 오지리 산245 벌천포해수욕장'을 입력하면 된다.

⛺　　　대형 텐트 30동 이상을 칠 수 있다. 화장실은 새로 지어 깨끗하다. 취사장, 샤워장도 1동씩 있다. 사이트 안에 주차를 할 수 있다. 바닥은 모래 섞인 땅이라 물 빠짐이 좋다. 모든 사이트에서 전기를 사용할 수 있다. 사이트가 비교적 넓기 때문에 50m 릴선을 미리 준비하는 것이 좋다. 사이트는 서산 방면 바다를 바라보는 카라반 쪽 풍경이 아름답다. 당진 방면 바다를 바라보면 당진화학단지가 보인다. 인공적인 느낌을 싫어한다면 당진 방면 바다를 바라보는 사이트는 피하자. 벌천포해수욕장을 독점하다시피 사용할 수 있는 점이 좋다. 카라반은 10대가 설치돼 있다. 텐트 1동 당 1박에 2만5천 원, 카라반 사용료는 1박에 14~26만 원 선이다. www.beachcp.com, 010.8759.5807

✚✚　　　벌천포는 3면이 바다로 둘러싸여 있다. 캠핑장은 소나무숲 아래 조성돼 그늘이 자연스럽게 형성된다. 바다와 송림이 만나 시원하게 캠핑을 즐길 수 있다. 게다가 몽돌 해변을 독점하다시피 사용할 수 있는 것도 매력적이다. 하지만 캠핑장이 바다와 바로 붙어 있어 '바람'에 대한 대비를 해야 한다. 팩은 샌드팩이라 불리는 넓은 팩을 준비하는 것이 좋다. 또 바람이 많이 불 때는 바람을 막아줄 수 있는 지형지물 뒤에 텐트를 설치해야 한다. 10대의 카라반은 인기가 많아 예약을 미리 해야 한다. 올빼미목 안쪽으로 산책을 나서면 깎아놓은 듯한 기암괴석을 볼 수 있다.

서울

도심에서 즐기는 캠핑

난지·노을·
중랑·강동
캠핑장

요즘 여행 트렌드는 캠핑이다. 자연과 가까
워지고픈 욕구를 가장 잘 해소해준다. 그러
나 캠핑은 준비를 잘해야 하는 여행이다.

요즘 그야말로 캠핑이 대세다. 산 좋고 물 좋은 강원도에는 100여 곳의 캠핑장이 들어섰다. 심지어 대도시인 서울에도 캠핑장이 있다. 한강과 인접한 난지캠핑장, 노을공원 안에 있는 노을캠핑장, 올해 8월 개장한 중랑캠핑숲가족캠핑장, 일자산자락에 위치한 강동그린웨이가족캠핑장이다. 이번 주말 도심 속 캠핑장으로 나들이를 떠나보는 건 어떨까.

난지캠핑장 vs. 노을캠핑장, 계단으로 연결돼요

서울 캠핑장 중 가장 먼저 문을 연 난지캠핑장을 찾았다. 2002년 서울 월드컵 때 생긴 난지캠핑장은 서울 강변북로에서 한강난지공원으로 진입하면 쉽게 찾을 수 있다. 약 8천 평 대지에 피크닉과 텐트 지역으로 구분돼 있어 각종 모임 장소로 활용도가 높다. 캠핑장에는 4인용 가족 텐트부터 10~20인 수용 가능한 몽골 텐트까지 190여 동의 텐트가 마련돼 있다. 자가 텐트 설치는 48개 사이트가 가능하다. 난지한강공원 버스정류소도 생겨 대중교통으로의 접근성도 좋다. 단, 캠핑장이 강변북로와 인접해 있다보니 도심 한가운데서 밤을 보낸다는 느낌이 든다. 자동차를 따로 주차해야 하는 점, 캠핑장 내에서 전기를 사용할 수 없는 점, 그늘이 적은 점 등은 불편사항이다. 1박을 하지 않는 피크닉 이용이 많아 캠핑의 느낌도 다소 떨어진다. 캠핑장 주변에는 천연잔디야구장, 물놀이장, 요트시설 등이 있다.

　　　　노을캠핑장은 월드컵공원 내 서쪽에 위치한 노을공원에 있다. 난지캠핑장과 노을캠핑장이 계단으로 연결돼 도보로 15분이면 오갈 수 있다. 두 캠핑장은 지척이지만 분위기는 서로 다르다. 노을공원은 1978년부터 1992년까지 난지도 제1쓰레기 매립지였다. 안정화 작업을 거쳐 2002년 월드컵공원으로 탈바꿈했고 노을공원은 대중골프장으로 활용됐다. 2008년에는 가족공원으로 단장해 일반 시민에게 공개됐고, 지금은 캠핑장으로 인기가 높다. 노을캠핑장은 노을공원 언덕 서쪽 끝에 있다. 주차장은 언덕 아래에 있다. 그래서 노을공원 정상에 짐을 내려놓고 주차장에 차를 대고 와야 한다. 주차장에서 노을공원 정상까지 약 800m, 정상에서 캠핑장까지가 약 800m다. 짐을 골프카트에 싣고 캠핑장까지 걷는 것도 한여름에는 그리 쉬운 일은 아니다. 그래도 캠핑장의 경관은 이름만큼이나 수려하다. 푸른 잔디가 시원하게 깔려 있고 발아래로는 한강과 서울 빌딩이 펼쳐진다. 도심 속에서 홀로 '자연'에 파묻힌 기분이 든다. 사진

찍기도 좋다. 노을공원 안에는 파크골프장, 자연물놀이터, 누에생태체험장 등이 있다. 친환경적으로 설계한 매립가스 포집시설도 곳곳에서 볼 수 있다. 캠핑장 각 사이트에는 전기시설과 화덕이 설치돼 있다. 그러나 캠핑장에 샤워장이 없어 쾌적함이 떨어진다.

1

2

3

1
난지캠핑장은 야영을 할 수 있는 캠핑존과 1박을 하지 않고 바비큐를 즐길 수 있는 피크닉존으로 나뉜다. 그래서 일반 모임 장소로 인기가 많다.

2
노을, 난지캠핑장은 지척이지만 분위기가 사뭇 다르다. 최근 계단이 설치돼 노을캠핑장과 난지캠핑장을 걸어서 오갈 수 있다. 사진은 노을캠핑장에서 난지캠핑장을 내려다본 모습.

3
노을캠핑장은 주차장과 거리가 멀어 짐을 옮기는 데 어려움이 있다. 또 캠핑장 내에 샤워시설이 없다. 그래도 노을캠핑장은 이름만큼 아름다운 풍광을 지녔다. 천연잔디가 푸르게 깔린 도심 속 캠핑 사이트가 멋스럽다.

쾌적한 오토캠핑장, 중랑캠핑숲가족캠핑장

서울시 중랑구 망우동에 위치한 중랑캠핑숲가족캠핑장은 텐트 바로 옆에 차를 댈 수 있는 오토캠핑장이다. 원래 무허가 건물, 경작지, 공동묘지 등이 있던 곳을 공원으로 조성한 것이다. 힘들게 캠핑장비를 옮기지 않아도 되는 만큼 이곳은 편리함이 강점이다. 시설도 최신식이다. 캠핑 사이트 47개 면마다 주차 공간이 따로 있고 화덕과 전기시설이 들어와 있다. 각 사이트별로 공간이 넓고 주변 경관도 잘 꾸며져 있다. 샤워장 외부에는 미니옥외스파가 있어 어린이들이 간단하게 물놀이를 즐길 수 있다.

캠핑장이 다소 습한 것은 단점이다. 원래 텐트를 치는 곳에 잔디를 깔았었는데 습기가 잘 빠지지 않아 모래로 교체했다. 오후 10시 이후에는 차량 이동을 할 수 없고 조명시설은 11시에 소등된다. 캠핑장 옆에는 청소년문화공간인 잔디광장과 생태문화공간으로 조성된 나들이공원이 있어 산책하기 좋다. 초보 캠핑 교실, 잉글리시 캠프, 숲속 여행 등 다양한 이벤트에도 참여할 수 있다.

4

5

4 ——— 중랑캠핑숲 바로 뒤 아파트가 보인다. 서울의 캠핑장에 서서 눈을 들면 대부분 아파트가 시야에 들어온다. 그래도 캠핑장은 쾌적하다. 어린이가 곤충을 잡으며 뛰어놀기에 충분하다.

5 ——— 2009년 문을 연 강동그린웨이 캠핑장은 일자산자락에 있다. 도심과 가깝지만 자연 속에 파묻힌 느낌이 든다. 캠핑장 주변에 일자산체육관, 잔디광장, 허브천문공원, 길동생태공원이 있어 다양한 활동을 즐길 수 있다.

일자산에 파묻힌 듯, 강동그린웨이가족캠핑장

강동그린웨이가족캠핑장은 서하남IC에서 상일IC 기점을 연결하는 일자산 안에 위치해 있다. 일자산체육관, 잔디광장, 허브천문공원, 길동생태공원과 인접한 만큼 전원적인 느낌이 든다. 2009년 8월 문을 연 이곳에는 오토캠핑 사이트 8면, 일반 캠핑 사이트 48면이 조성돼 있다. 일반 캠핑 사이트에는 모두 텐트가 설치돼 있어 따로 텐트를 가져올 필요가 없다. 텐트 치는 재미는 없지만 그만큼 장비를 줄일 수 있어 편리하다. 주차장도 캠핑장과 100여 m 떨어져 있어 짐을 옮기는 게 큰 불편사항은 아니다. 각 캠핑면마다 전기시설이 있고 식수대는 6곳이 마련돼 있다. 오토캠핑 사이트는 자가 텐트 설치가 가능하다. 텐트 바로 옆에 주차도 할 수 있어 편리하다. 캠핑장 주변은 산책로가 잘 정비돼 있어 일반 시민도 산책 코스로 애용한다. 단, 캠핑장에 그늘이 부족해 한여름에는 다소 불편하다.

난지캠핑장 캠핑장과 도보로 5분 거리에 '난지한강공원 버스정류장'이 있다. 서울과 일산을 오가는 9707광역버스를 이용하면 된다. 차를 몰고 올 경우 강변북로에서 난지한강공원으로 들어서야 한다. 내비게이션에는 '난지캠핑장' 또는 '난지야구장'으로 검색하면 된다. 주소는 '서울시 마포구 상암동 495-81번지'

노을캠핑장 노을공원은 월드컵공원 서쪽에 위치해 있다. 강변북로 일산 방향으로 가다가 월드컵경기장 표지판이 보이면 빠져 나온다. 오른쪽이 평화의 공원, 왼쪽이 하늘공원이다. 직진해서 월드컵 터널 위로 U턴하면 난지천공원 주차장이 보인다. 노을공원 정상에 짐을 내려 놓고 다시 난지천공원 주차장에 차를 대야 한다.

중랑캠핑숲가족캠핑장 서울지하철 중앙선 양원역 2번 출구에서 정면으로 500m 거리에 캠핑장이 있다. 차를 몰고 올 경우 동부간선도로에서 구리, 망우동 방면으로 진입, 망우리고개 전에 북부노인병원, 중랑캠핑숲 방면으로 좌회전하면 된다. 내비게이션에는 '서울시 중랑구 망우동 241-20'으로 입력하면 된다.

강동그린웨이가족캠핑장 길동생태공원 사거리에서 상일IC 방향으로 100m 지나면 캠핑장 표지판이 보인다. 언덕길로 진입해 길을 따라가면 캠핑장이 나온다. 내비게이션에는 '허브천문공원'을 입력하면 된다.

++ 　　　서울 캠핑장 4곳 모두 인터넷으로 예약을 받는다. 이용료는 1~2만 원. 대부분 한 달 전에 예약이 시작된다. 주말 캠핑장 예약은 몇 분 만에 매진되기 때문에 홈페이지를 통해 예약 서비스 정보를 숙지해야 한다.

아
산

시 골 다 움 에   반 했 어 요

캠
핑
장

기
쁨
두
배
마
을

사람들이 찾아오는 마을은 어떤 매력을 갖

고 있는 걸까. 아산기쁨두배마을은 '시골다

움'으로 캠핑객을 모으고 있다.

"계곡도, 산도 없는 그냥 평범한 시골이었죠." 아산기쁨두배마을 이성재 이장이 마을을 소개한다. 충남 아산시 둔포면 석곡1구. 이 이장은 "주변 환경만 놓고 보자면 마을은 어디서나 볼 수 있는 평범한 시골"이라고 말한다. 그러나 아산기쁨두배마을은 2007년부터 운영한 캠핑장 덕택에 특별한 시골마을이 됐다.

'배' 마을에서 '기쁨 두 배' 마을로

석곡1구는 '배' 마을로 유명했다. 70여 년 전 배농사를 시작해 마을 곳곳이 배밭이다. '아산 배마을'로 사람들에게 알려졌지만 외지인이 찾아오는 마을은 아니었다. 마을 인근에 유명한 산도, 계곡도 없기 때문이다. 마을은 농촌체험 프로그램을 운영하면서 묘안을 짜냈다. 2007년 정보화마을사업을 하면서 컨설팅을 받았는데, 그중 '캠핑장'을 열자는 아이디어가 나왔다. 당시만 해도 마을에서 '캠핑'은 생소한 단어였다. 과연 아무것도 없는 마을에 사람들이 찾아올까 하는 의문도 있었다. 하지만 '캠핑장'의 효과는 컸다. 캠핑객들이 알음알음 마을을 찾아왔다. 캠핑객들은 "고향집 같은 시골 느낌이 좋다"며 입소문을 내기 시작했다. 주민들은 '아산 배마을'에서 '기쁨두배마을'로 이름을 바꾸고 외지인을 맞았다. 2011년에는 1만2천 명이 넘는 사람들이 마을을 찾았다.

1

2   3

1 ──────
　캠핑을 온 아이들이 마을체험
관 앞에 설치된 그네를 타고 있다.

2 ──────
　아산 기쁨두배마을 곳곳에 벽
화가 그려져 있다. 하얀 개 2마리가
그려져 있는 집에는 '덕구'가 살고
있나 보다.

3 ──────
　덕구 그림이 그려져 있는 집 앞
에서 하얀 강아지 한 마리가 지나간
다. 혹시 '덕구'인가 불러봤지만 대
답이 없다.

아담하고 단아한 캠핑장

마을 캠핑장은 1천5백 평 정도로 그리 넓지 않다. 게다가 마을에서는 캠핑객이 한적하게 캠핑을 할 수 있도록 텐트 30동 정도로 예약을 한정하고 있다. 캠핑 사이트는 A, B 두 곳으로 나뉘어 있다. 마을체험관 옆쪽에 위치한 사이트는 B 캠핑장이다. 8동 정도 텐트를 칠 수 있는 작은 공간이다. 사이트 옆으로 길이 나 있다. 시골집들과 사이트가 바로 붙어 있고 그늘이 부족한 점이 단점이다. 화장실 등 마을체험관 시설이 가까운 점은 편리하다.

A 캠핑장은 마을 뒷산 공터에 자리했다. 아래쪽부터 위쪽까지 계단식으로 구성됐다. 아래쪽 사이트는 그늘이 부족하지만 공간이 넓어 텐트 옆에 차를 주차할 수 있다. 위쪽 사이트로 갈수록 공간이 좁지만 나무그늘이 넉넉하게 형성된다. 숲으로 이어지는 사이트에는 나무데크가 설치돼 있다. 가로 세로 길이가 2.50m×3.10m라 대형 텐트는 치기 힘들다. 캠핑장에서 뒷산 쪽으로 산책로가 나 있어 쉬엄쉬엄 걷기 좋다. 하지만 마을 인근에 대규모산업단지인 아산테크노밸리가 들어서는 등 농촌 특유의 풍경은 꽤 옅어졌다.

4

5

4 ——————
A 캠핑장 한가운데에 수백 년 수령의 나무가 자리를 잡고 있다. 텐트와 나무가 묘하게 조화를 이룬다.

5 ——————
아래쪽에 위치한 캠핑장에는 텐트 옆에 차를 댈 수 있지만 위쪽 사이트에는 텐트를 내려놓고 차를 주차장에 올려놓아야 한다. 주차장 옆으로 개나리가 활짝 피었다.

아산온천부터 외암민속마을까지

마을에는 '놀거리'가 상대적으로 부족한 편이다. 인근에 산이나 계곡이 없기 때문인데, 대신 마을에서는 농촌체험 프로그램을 진행하고 있다. 배꽃접목하기, 고구마·감자 캐기, 옥수수 따기 등을 해볼 수 있다. 마을 곳곳에는 벽화가 그려져 있다. 고려대학교 벽화 그리기 동아리에서 마을을 꾸민 건데, 사진기를 들고 마을을 천천히 걸으며 사진을 찍는 재미도 쏠쏠하다.

또 마을에서는 캠핑객에게 아산스파비스 할인 혜택을 제공한다. 캠핑 뿐 아니라 아산 여행을 할 수 있도록 한 건데, 캠핑장에서 차로 20분 거리에 '외암민속마을'이 있어 캠핑, 온천, 민속마을 나들이까지 주말여행 계획을 알차게 짤 수 있다.

경부고속도로 안성 나들목으로 나와서 국도 45호선을 타고 평택 방면으로 온다. 둔포 쪽으로 10분 정도 들어오면 마을이 나온다. 열차를 이용한다면 온양온천역에서 내려 대중교통을 이용해 마을로 들어와야 한다. 내비게이션에는 '충남 아산시 둔포면 석곡1구 297-2 번지'를 입력하거나 '아산기쁨두배마을'을 입력하면 된다.

아산기쁨두배마을의 캠핑장은 그리 넓지 않다. 마을 입구에 있는 사이트가 B 캠핑장, 안쪽에 있는 사이트가 A 캠핑장이다. A 캠핑장은 최대 25동까지 텐트를 칠 수 있다. 계단식으로 구성된 캠핑장은 아래쪽 사이트에서는 텐트 옆에 차를 주차할 수 있다. 텐트 구성을 넉넉하게 할 수 있지만 그늘이 부족한 게 흠. 위쪽 사이트로 올라갈수록 공간이 좁아 차를 따로 주차해 놓아야 한다. A 캠핑장은 마을 뒷산에 사이트가 마련됐기 때문에 숲속까지 사이트가 이어진다. 데크가 설치된 사이트도 있는데 가로 세로 길이가 2.50m×3.10m라 대형 텐트는 치기 힘들다. 캠핑장 이용료는 텐트 1동당 1박에 2만 원(전기료 포함). 샤워실, 화장실, 개수대는 깨끗한 편이다. 마을에서는 황토방을 따로 운영한다. 1박에 4만 원. 캠핑장 풍광은 그리 좋은 편이 아니다. 최근에는 마을 주변에 산업단지인 아산테크노밸리가 들어서 농촌 풍경을 많이 잃었다. 캠핑장 주변에 배밭이 많다. 마을에서는 배꽃접목하기, 농사체험 등의 프로그램을 운영한다. 농촌체험 프로그램 체험료는 1인당 3천 원이다. 아산기쁨두배마을 http://asan.invil.org, 041.532.6754

양 주

씨 앗 이　움 터　나 오 는　곳

캠 씨
핑 알
장 농
　 장

양주 씨알농장캠핑장은 원래 주말농장이었
다. 캠핑장이 문을 열면서 더 많은 사람이
농장을 찾기 시작했다. 겨우내 움츠러들었
던 새순이 싹틀 준비를 하는 곳, 씨알농장을
찾았다.

2월은 설득의 귀재이다. 고작 28일을 가지고 은근슬쩍 동장군을 몰아낸다. 봄처녀의 비단치마를 펼치지는 않지만 동장군의 옆구리를 살살 구슬러 어느새 저만치 흘러가게 만든다. 남들보다 짧아 얼렁뚱땅 넘어가는 것 같아도 할 것은 죄다 하고야 마는 2월의 중턱. 겨울이 마지막 눈을 게워내기 직전 양주의 한 농장을 찾았다. 이름도 열매를 뜻하는 '씨알'농장. 아직 씨앗을 움트기는 이르지만 농장은 마치 시크릿 가든이라도 되는 양 신비로운 안개를 휘감았다. 뽀얀 안개를 헤치고 농장으로 들어서자 점점이 알록달록 텐트가 보인다. 농장보다 더 유명한 씨알농장캠핑장이다.

구룡골 골짜기, 저수지를 품에 안고

널찍한 도로에 아파트 단지가 보인다. 경기도 양주시 광사동. 여느 도시에서나 볼 수 있는 풍경 속에 캠핑장이 있을까 하는 의문이 따라온다. '씨알농장'을 가리킨 내비게이션은 큰 길에서 연신 U턴을 시키더니 아파트 단지를 끼고 난 좁은 길로 안내한다. 큰길에서 채 1km도 떨어지지 않은 곳. 도회지에서 조금 벗어났을 뿐인데 겨우내 쌓인 눈이 하얗게 길 위에 뿌려졌다.

씨알농장에 다다르기 전 먼저 눈에 들어온 것은 알록달록한 텐트였다. 농장 입구부터 30여 동이 둥지를 틀었다. 크게는 2개의 야영지로 구성됐지만 1만5천 평 부지에 자유롭게 텐트가 자리잡았다. 농장 중심부에 있는 청기와 한옥집에서 캠핑장지기이자 농장 주인 허길진 사장을 만났다. 허 사장은 "4년 전 친구의 권유로 이곳에 들어왔어요. 이 골짜기가 구룡골로 불리던데 아마 아홉용이 있었다 해서 붙은 지명이겠죠"라고 말한다. 구룡골 지명처럼 산자락이 구불구불 농장을 감쌌다. 농장 한가운데는 마치 용이 알을 품은 것처럼 저수지가 들어섰다. 물이 샘솟아 생긴 저수지에는 10년 전 풀어놓은 잉어, 붕어, 민물새우 등이 보금자리를 틀었다. 꽁꽁 언 저수지가 녹으면 캠핑객은 너도나도 강태공이 된다.

1 씨알농장이 자리잡은 곳은 양주시 광사동. 농장주이자 캠핑장지기인 허길진씨는 "이곳이 예부터 구룡골이라 불렸다"고 설명한다.

2 씨알농장 5만 평 중 약 1만5천 평이 캠핑장으로 사용된다. 사진은 제1야영장 모습.

씨앗 심고 열매 맺는 녹색 힐링캠핑장

씨알농장캠핑장은 원래 주말농장으로 문을 연 곳이다. 지금도 약 5만 평 대지 중 대부분이 주말농장으로 사용된다. 흰 눈으로 뒤덮인 밭 위를 걸어보니 지난해 부단했던 농사의 흔적이 곳곳에 남았다. 봄바람이 불면 밭에는 온통 새싹이 돋아나고 저수지에는 연꽃이 자태를 뽐낸다.

4년 전부터 주말농장이 캠핑장으로 운영되자 시너지 효과를 일으켰다. 주말을 이용해 밭을 일구러 온 사람들이 텐트를 치고 자연 속에 머무르기 시작했다. 허 사장은 "농장만 할 때보다 더 많은 사람이 찾아와요. 봄·가을에는 주말마다 100팀도 넘게 옵니다"라고 말한다. 주말농장으로 시작한 씨알농장이 씨앗 심고 열매 맺는 녹색 힐링캠핑장이 된 것이다.

3

4

5

3

　겨울에는 썰매판을 갖고 다니
는 캠핑객이 많다. 아이들을 위해서
다. 경사진 눈밭은 어디나 아이들의
놀이터가 된다.

4

　여름에는 어린이 수영장으로
쓰이던 곳이 겨울이 되자 공놀이장
으로 변했다. 아이들이 신나게 공놀
이를 한다.

5

　씨앗이 움트는 씨알농장을 겨
울에 들른 것은 왠지 미안한 일이
다. 씨알농장의 저수지는 붕어, 잉
어, 민물새우 등 낚시터로도 훌륭하
다고 한다. 지금은 꽁꽁 얼어붙어
눈을 즐겁게 한다.

풍경·시설·편의를 모두 갖춘 곳

그렇다면 캠핑객이 직접 느끼는 씨알농장은 어떨까. 가족과 함께 캠핑을 온 황선종씨는 씨알농장을 자주 찾는 캠핑객이다. 황씨는 "주말마다 올 때도 있어요. 우선 캠핑 부지가 넓어서 사이트 구축이 편하고요. 여름에는 나무가 많아서 그늘 걱정도 안 해요. 아이들과 주말농장을 가꾸는 것도 별미고요"라고 말한다.

캠핑객들이 꼽는 씨알농장의 장점은 꽤 많았다. 우선 풍경이 좋다. 산수를 모두 갖췄다. 산으로 둘러싸인 농장은 가운데 저수지를 품고 있다. 낚시는 씨알농장캠핑장의 빼놓을 수 없는 놀이다. 정지빈군은 "여름에는 물고기 잡고 올챙이 잡고 민물새우 낚시도 해요"라며 씨알농장 캠핑의 즐거움을 늘어놓는다. 겨울이 되면 저수지 낚시는 할 수 없지만 곳곳에 눈썰매장이 생긴다. 여기저기서 썰매판을 들고 다니는 아이들의 웃음소리가 번진다. 또 씨알농장캠핑장에서는 화로·전기 사용이 가능하다. 샤워실, 화장실 모두 깨끗한 편이고 24시간 온수도 나온다. 황선종씨는 "씨알농장은 다 갖춘 캠핑장으로 표현하죠. 풍경과 시설이 모두 좋고 게다가 캠핑장지기도 친절하니까요"라고 말한다.

서울외곽순환고속도로나 동부간선도로를 타고 양주시청 방향으로 온다. 양주시청 못 미쳐 외미 교차로에서 레이크우드CC 방면으로 우회전한다. 씨알농장은 신도브레뉴8차아파트 단지 옆으로 난 좁은 길로 들어가야 한다. 큰 길을 따라 양주2동 주민센터 앞에서 U턴해 다시 신도브레뉴아파트 방면으로 돌아오는 방법이 빠르다. 신도브레뉴아파트 앞 사거리에서 바로 좌회전해 들어올 수 없기 때문이다. 내비게이션에는 '경기도 양주시 광사동 295'를 입력하면 된다.

씨알농장캠핑장은 2개 구역으로 운영된다. 1야영장은 단체 캠핑객이 많이 찾고 2야영장은 가족 단위 캠핑객만 머무를 수 있다. 2야영장이 조금 더 조용하고 아늑하다. 캠핑객이 많을 때는 저수지 옆 등 한가한 곳에서 사이트를 구축하는 캠핑객도 꽤 된다. 이용료는 1박에 4인 기준 2만5천 원. 전기 사용료는 추가 5천 원을 내야 한다. 농장 규모만 5만 평. 캠핑장은 1만5천 평 부지를 사용한다. 캠핑장이 넓어 부담 없이 사이트 구축을 할 수 있다. 24시간 온수가 나오는 샤워실과 화장실 시설을 갖췄다. 저수지에서는 낚시도 가능하다. 붕어, 잉어, 민물새우 등이 잡힌다. 주말농장을 가꾸는 것도 가능하다. 031.847.9655

03

Healing
Camping

양
평

강변에 누우리랏다

캠
핑
장

강
변

강변에 누워본 적이 있는가? 재잘거리는 강물의 노랫소리에 맞춰 흥얼거리다보면 어느새 자연과 하나 된 느낌이다. 양평 강변 캠핑장은 남한강을 한 몸에 품고 힐링을 누릴 수 있는 천혜의 장소다.

남한강을 끼고 마을은 적막함이 흐른다. 모두 25가구가 사는 양평 개군면 구미리에는 맑디맑은 고요함이 내려앉았다. 낮에도 오가는 차가 드문드문, 밤이 되면 그마저도 끊긴다. 이렇게 고요한 남한강 의 밤이 주말 저녁이면 불빛으로 가득하다. 텐트마다 걸어놓은 각양 각색 등불이 강변을 물들인다. 남한강의 낭만이 그대로 캠핑장에 전 해진다.

옛 나루터가 강변캠핑장으로

양평과 여주를 잇는 남한강의 길목 '구미포'. 구미리는 옛 나루터가 있던 곳이다. 구미포에는 강원도 조장방 원호 장군이 향병을 모아 왜군을 기습했던 역사가 스며 있다. 왜군 50여 명과 왜장을 쳐서 이기고 양평 백성을 보호한 나루터다. 그래서 구미리는 '의병의 고장'으로도 불린다.

양평 개군면은 '개군한우'로 유명하다. 그러나 구미리에는 축산 농가가 없다. 맑을 만큼 깨끗한 분위기가 마을을 압도한다. 마을 바로 앞을 흐르는 남한강은 구미리의 고요한 분위기에 낭만을 더한다. 남한강이 바로 내려다보이는 둔치에 캠핑장이 들어선 것은 2010년 5월. 캠핑장지기인 김대식씨가 땅을 대여해 캠핑장시설을 갖추면서부터다. 김씨는 "이렇게 아름다운 곳이 그냥 있다는 게 아까웠어요. 알음알음 캠핑객들이 오던 땅에 잔디를 깔고 전기시설을 갖춰 캠핑장을 열었습니다"라고 말한다. 그렇다고 캠핑장을 대대적으로 홍보하는 것은 아니다. 지도에 정식 등록하라는 요청에도 캠핑장지기는 응하지 않았다. 캠핑장을 찾는 이들이 강변에 누워 조용히 '별 헤는 밤'을 지내길 바라기 때문이다.

1

2

1

강변캠핑장은 옛 구미포나루터다. 양평군과 여주군을 잇는 남한강의 나루터인데 임진왜란 때 향군이 왜군 50명을 치고 왜장도 베었던 승전의 장소이기도 하다.

2

양평 강변캠핑장. 남한강이 내려다보이는 곳에 텐트를 칠 수 있다.

밤이면 방향 바뀌는 강바람에 주의해야

강변캠핑장의 규모는 총 1만6천5백m²(약 5천 평). 사이트는 크게 두 군데로 나뉜다. 둔치 사이트와 언덕 사이트이다. 강 둔치의 너른 자리는 텐트 30동 정도가 나란히 캠핑을 할 수 있다. 남한강이 훤히 내려다보이는 대신 사이트가 그리 넓지 않아 캠핑 성수기에는 다소 번잡할 듯하다. 언덕 위 사이트는 2~4동씩 따로 텐트를 칠 수 있도록 구성돼 있다. 관리실 건물 계단으로 올라서면 바로 언덕 사이트가 보인다. 보다 가족적인 분위기를 원한다면 언덕 사이트를 추천한다.

강변에서 캠핑을 할 때는 바람의 방향에 주의해야 한다. 낮과 밤의 바람 방향이 완전 바뀌기 때문이다. 또 봄에는 돌풍이 자주 불기 때문에 낮에 바람이 불지 않았다 하더라도 텐트에 팩을 꼭 박아둬야 한다. 아이와 함께 캠핑을 왔다면 물가에서 노는 동안 항상 주의를 시켜야 한다.

3

4

3 ──────────
고등학생 때부터 캠핑을 다닌
이종화씨(왼쪽에서 3번째)와 가족
들. 탑차를 개조해 캠핑카를 만들었
다. 벌써 2번째 캠핑카다.

4 ──────────
남한강과 맞닿아 있는 강변캠
핑장은 밤이 되면 순전한 어둠이 깔
린다. 텐트의 불빛만이 남한강과의
경계를 알린다.

캠핑은 놀러가는 게 아니라 일상

강변캠핑장에서 만난 이종화씨는 고등학생 때부터 캠핑을 시작한 캠핑 1세대다. 40여 년 전국 각지를 돌며 우리 땅을 벗 삼아 야영을 즐겼다. 이씨는 "흔히들 캠핑간다 하면 놀러간다고 생각해요. 그런데 그렇게 시작하면 캠핑을 2~3년 이상 할 수가 없어요. 그저 일상이다 생각하고 흙냄새를 맡고 오는 거죠"라고 말한다. 캠핑을 특별한 활동이 아닌 삶을 위한 재충전의 시간이 돼야 한다는 것이다.

이씨가 권하는 캠핑법은 현장을 100% 활용하라는 것이다. 실제 이씨 가족은 강변캠핑장 주변에 돋아난 냉이와 달래를 뜯어 저녁 식사를 준비하고 있었다. 사이트도 남한강이 가장 잘 내려다보이는 곳에 자리를 잡았다. 캠핑의 테마를 잡는 것도 좋다. 서해안으로 캠핑을 갔다면 '조개잡이' 등과 같은 즐길 거리를 생각해놓는 것이다. 또 이씨는 '나만의 캠핑장비'를 쓸 것을 조언한다. 브랜드나 겉멋에 연연하지 말고 꼭 필요한 캠핑장비만을 구비하거나 자신만의 스타일로 만들어 쓰라고 충고한다. 탑차를 개조해 만든 이씨의 캠핑카에는 '스케치 기행'이라는 문구가 새겨져 있다. 마치 한반도를 캔버스 삼아 스케치하듯 이씨의 캠핑카는 홀홀 캠핑을 떠난 듯했다.

강변북로나 올림픽대로를 타고 동쪽으로 오다가 6번 국도를 탄다. 한강을 따라 오다 양평이 나오면 길산 삼거리에서 우회전한다. 37번 국도를 따라 오다 하자포리에서 구미리 쪽으로 우회전해서 2km 정도 오면 구미리다. 구미리 표지판 맞은편에 '황현암' 아래 둔치가 강변캠핑장이다. 내비게이션에는 '양평군 개군면 구미리 산1번지'를 입력하면 된다.

캠핑장은 크게 두 사이트로 나뉜다. 황현암 바로 아래 강 둔치의 너른 사이트는 텐트 30동 정도가 캠핑을 할 수 있는 공간이다. 남한강이 훤히 내려다보이는 대신 사이트가 그리 넓지 않아 캠핑 성수기에는 다소 번잡하다. 언덕 위 사이트는 2~4동이 따로 텐트를 칠 수 있도록 구성돼 있다. 관리실 건물 계단으로 올라서면 바로 언덕 사이트가 보인다. 샤워실과 화장실, 개수대는 관리실 건물 바로 옆에 있다. 24시간 온수가 나오고 관리 상태도 깨끗하다. 사이트는 대부분 전기도 사용 가능하다. 사용료는 1박에 5인 기준 3만1천 원(전기료 포함). 예약은 네이버 카페 캠핑베어(http://cafe.naver.com/campingbear)에서 할 수 있다. 070.7503.4765

양평

아늑하고 고요한 힐링캠핑

작은캠프장

분지울

양평 분지울작은캠프장은 이름처럼 '작은' 캠프장이다. 보통 15팀, 많아야 20팀이 예약 가능한 사설야영장이지만 자연과 시설이 어우러져 특A급 점수를 받기에 부족함이 없다.

스치기만 해도 베일 듯 바람에 날이 섰다. 하얗게 변한 세상을 제모
습으로 되돌리지 않을 것처럼 고집부리는 혹한 속에 양평을 찾았다.
강원도 홍천과 맞닿은 양평의 북쪽자락. 단월면 명성리는 '분지울'
이라는 고운 우리말 이름을 지녔다. 소리산자락에 둘러싸여 동이처
럼 움푹 파인 지형 덕에 생긴 이름이다. 마을은 홍천 대명비발디파
크 입구에 자리했지만 시끌벅적한 분위기 대신 아늑한 고요함을 풍
긴다. 작지만 더 바랄 것이 없는 '양평 분지울작은캠프장'으로 조촐
하게 캠핑을 떠났다.

게을러져라, 한번도 바쁘지 않았던 것처럼

내비게이션에 '양평 단월면 명성리 54-1'번지를 치고 따라갔더니 자꾸 엉뚱한 곳으로 안내한다. 번지에 '산' 54-1을 찍지 않아서란 다. 여러 차례 전화로 확인을 거듭하며 어렵사리 야영장을 찾아냈 다. 눈 쌓인 분지울 마을길을 따라 한참을 들어서자 아기자기한 팻 말이 야영장 입구를 안내한다. 한눈에 들어오는 주황색 돔하우스가 '여기부터가 캠핑장입니다'를 말해주는 듯하다.

분지울작은캠프장은 이름에 괜히 '작은'이 들어간 것이 아 니다. 정말 아담한 야영장이기 때문이다. 대지 1천5백 평 규모에 계 곡을 끼고 있는 야영장에는 하루 15팀 정도로만 입장이 제한된다. 캠핑장지기 장흥익 사장은 2008년 취미삼아 분지울에 오토캠핑장 을 열었다. 28년 동안 어린이에게 미술을 가르쳤던 그가 분지울에 터를 잡은 특별한 이유는 무얼까. 장 사장은 "오랜 시간 캠핑을 하면 서 '반달곰'이라는 닉네임으로 활동했어요. 그러면서 선후배들이 편 안하게 묵을 수 있는 야영장을 만들겠다 생각하게 된 거죠"라고 말 한다.

장 사장의 사심(?) 가득한 야영장의 모토는 '게으르무르' 이다. 쉽게 말해 '캠핑을 오면 게을러져라'는 뜻이다. 돔하우스로 제 작된 작업실부터 개수대와 화장실까지 모두 '게으르무르'가 적혀 있 다. 작고 조용한 야영장에서 한번도 바쁘지 않았던 것처럼 한없이 게을러져 보라는 의도다.

1

분지울작은캠프장 장홍익 사장. "캠핑장에 오면 일단 게을러져라"는 게 그의 모토다. 캠핑객에게 줄 문패를 직접 제작하고 있는 모습. 작업실에 걸린 '게으르므루' 팻말이 가슴에 와 닿는다.

2

캠핑장지기가 사는 돔하우스. 집 앞에 큰 개가 묶여 있다. 덩치와 다르게 온순하다.

밝은 별아래 샘이 솟는 마을

동이처럼 움푹 파인 지형 덕에 '분지울'이라 불리는 명성리에는 또 다른 의미가 있다. 바로 '샘이 솟는 마을'이란 뜻이다. 산에서부터 흘러내리는 실개천은 여름에는 더위를 식혀주고 겨울엔 운치를 자아낸다. 요즘 분지울 계곡은 마치 '얼음땡' 놀이라도 하듯 꽁꽁 얼어붙었다가 졸졸 노래를 부르며 흐르다가를 반복한다. 소복이 내린 눈이 그대로 쌓인 계곡 모습에 나도 모르게 카메라 셔터를 누르게 된다.

분지울작은캠프장의 또다른 매력은 밤하늘이다. '밝은 별 마을'이라는 뜻의 명성리(明星里)란 이름처럼 분지울의 밤하늘은 행여 쏟아질세라 있는 힘껏 별들을 잡아둔다. 친구 5명과 함께 캠핑을 온 ID 셀모는 "이곳은 무엇보다 아늑하고 조용해서 좋습니다. 평소에도 15팀으로 입장 제한을 하다보니 시끌벅적한 적이 없어요. 마음의 나사를 풀고 게으름을 만끽하기에 더할 나위 없이 좋습니다" 라고 말한다.

3

4

5

3 ─────
　　분지울작은캠프장은 산속에 파
묻혀 있다. 캠프장 바로 옆에는 계
곡이 흐른다. 사진 속 오른쪽 나무
옆에 계곡이 있다. 여름에는 발을
담그고 더위를 식히기에 그만이다.

4 ─────
　　분지울의 겨울 계곡 모습. 분지
울은 지형이 움푹 파였다는 뜻이라
는데 '샘이 솟는 곳'이라는 뜻도 있
다고 한다.

5 ─────
　　날이 추워지자 텐트와 트레일러
를 모두 사용하는 캠핑객이 늘어났
다. 잠은 트레일러에서, 식사와 놀
이는 텐트에서 하는 캠핑객이 많다.

여름에는 물놀이, 겨울에는 스키·보드

캠핑을 간 날 오토캠핑동호회에서 분지울로 릴레이캠핑을 나왔다. ID 밤별, 다강, 아띠고을 등의 회원들에게 직접 캠핑장의 매력을 들어봤다. 캠핑객들은 분지울캠핑장에 특A 점수를 흔쾌히 줬다. 특히 항상 깨끗하게 관리되는 개수대, 샤워실, 화장실 등 부대시설이 높은 점수를 받았다. 화장실에는 비데까지 설치돼 있을 정도다. 마치 캠핑장 호텔에 온 느낌이다.

주변 환경도 후한 점수의 요인으로 작용했다. 여름에는 분지울 계곡에서 물놀이를, 겨울에는 인근 스키장에서 겨울 스포츠를 즐길 수 있다. 낮에는 스키와 보드를 타고 밤에는 캠핑을 즐기는 캠핑객도 많다. 단점으로는 야영장 규모가 작다는 점, 여름에는 그늘이 부족하다는 점을 들었다. 가장 좋은 점은 캠핑장지기의 세심한 배려가 꼽혔다. 직접 캠핑을 다니며 캠핑객에게 필요한 시설을 마련한 세심한 손길이 '작지만 더 바랄 것이 없는' 캠핑장을 만든 요인이다.

대중교통을 이용할 때는 홍천시외버스터미널에서 홍천 스키장 가는 버스를 타고 명성1리 입구 굴업리회관에서 내리면 된다. 차로 갈 때는 팔당대교를 건너 6번 국도를 탄다. 44km 정도 길을 따라 오다가 단월1교에서 비발디파크 방향으로 좌회전한다. 약 600m가 지난 지점에서 명성1리(분지울마을) 방면으로 좌회전한다. 길을 따라 약 700m 정도를 더 오면 '분지울작은캠프장' 표지판이 보인다. 내비게이션에는 '경기도 양평군 단월면 명성리 산 54-1번지'를 입력하면 된다.

분지울작은캠프장은 조용한 사설야영장이다. 평소에는 15팀 정도로 예약을 제한한다. 단체 캠핑이라도 20팀까지만 입장할 수 있다. 화장실, 샤워실, 개수대에는 24시간 온수가 나온다. 화장실에는 비데가 설치돼 있을 정도로 A급 시설을 자랑한다. 전기도 사용 가능하다. 1박에 1가족 당 3만 원(전기 포함)이다. 대형 트레일러도 2대 설치돼 있다. 이용 가격은 1박에 10만 원이다. 인근에 대명비발디파크가 있어 겨울에 올 경우 스키나 보드를 타러 가기 편하다. 여름에는 그늘이 조금 부족한 편이다.

양
평

소나무 향내가 솔솔

솔
캠 뜰
핑
장

수도권에 이용하기 좋은 사설캠핑장이 속
속 생겨나고 있다. 양평 솔뜰캠핑장은 신생
캠핑장이지만 주변 환경과 시설 면에서 좋
은 평가를 받는 곳이다.

캠핑장의 진화는 현재진행형이다. 규모와 시설 면에서 국립공원캠핑장 못지않은 사설캠핑장이 속속 생기고 있는데, 양평 솔뜰캠핑장은 신생 캠핑장이지만 캠핑객 사이에서 인기가 높다. '소나무 뜰'을 테마로 조성된 양평 솔뜰캠핑장에 들렀다.

유명산 자락 너른 뜰에……

양평 솔뜰캠핑장은 서울과 가깝다는 점이 가장 큰 장점이다. 팔당대교를 지나 양평에 다다르면 옥천면 안쪽에 캠핑장이 있다. 캠핑장은 큰 길과 5km 정도 떨어져 있어 소음이 거의 없다. 캠핑장에 서서 눈을 들면 사방이 산이다. 용문산, 유명산, 대부산이 캠핑장을 병풍처럼 둘러싸고 있다.

     '솔뜰'이란 이름은 '소나무가 있는 뜰'이라는 뜻이다. 이름처럼 솔뜰캠핑장의 중심부는 멋들어진 소나무가 차지했다. 산으로 둘러싸인 캠핑장은 천여 그루가 뿜어내는 솔향 덕분에 상쾌한 분위기다. 밤이 되면 소나무 사이로 조명이 켜지고 산 너머 하늘에는 달과 별이 반짝인다.

1

2

3

1 ──────── 솔뜰캠핑장 아랫뜰 모습. 아랫
뜰에는 소나무숲이 조성돼 있다. 여
름에는 시원한 그늘이 생긴다.

2 ──────── 솔뜰캠핑장 텐트 앞에 눈사람
을 만들어 놓았다.

3 ──────── 캠핑장지기가 키우는 개 '도도'
와 '나나'. 순하고 사람을 잘 따른
다. 아이들이 유독 좋아한다.

조경사업에서 캠핑장으로

사설캠핑장은 캠핑 경력이 있는 사람들이 운영하는 경우가 많다. 그런데 솔뜰캠핑장은 예외다. 캠핑장지기 김화중씨는 10년 넘게 조경사업을 했다. 김씨는 "원래 양평에 터전이 있었어요. 다른 사업을 해볼까 하다가 주변에서 캠핑장을 해보면 어떻겠느냐고 조언을 하더라고요"라고 말한다.

　　　캠핑에 대해 잘 모르던 김씨는 어떻게 하면 편안한 캠핑 공간이 될지 고민했다. 그래서 캠핑장 곳곳에 조형물을 만들고 조명도 깔끔하게 설치했다. 화장실, 샤워실, 개수대 등 편의시설을 깔끔하고 편리하게 조성했다. 펜션 7동도 함께 운영해 다양한 수요를 고려했다. 또 탁구대, 트램플린 등 어린이와 가족이 놀 수 있는 공간도 만들었다. 캠핑장지기는 매점에 장작과 간단한 다과류 등을 준비해놓고 캠핑객의 불편사항을 해결해준다. 조경사업을 하다가 캠핑장을 운영하니까 불편하지 않느냐는 질문에 김씨는 "아무도 찾지 않던 곳에 주말마다 사람들이 찾아오니 외롭지 않고 좋아요"라고 답한다.

4

5

4 ──────
솔뜰캠핑장에는 펜션 7동도 있
다. 펜션 옆쪽은 '앞뜰'로 불린다.
텐트를 칠 수 있다.

5 ──────
캠핑장은 유독 밤에 아름답다.
저마다 불을 밝힌 텐트 안은 저녁
식사를 준비하느라 분주하다.

윗뜰, 아랫뜰, 앞뜰, 옆뜰……

캠핑장은 약1만5천 평 부지를 활용한다. 소나무숲으로 이뤄진 아랫 뜰을 중심으로 윗뜰, 앞뜰, 옆뜰로 캠핑 사이트가 나뉜다. 아랫뜰은 20동 정도 텐트를 칠 수 있다. 소나무숲이 드리워져 여름에도 그늘 이 시원하게 생긴다. 풍광도 좋아 가장 인기 있는 사이트다.

윗뜰은 이름처럼 캠핑장 가장 위쪽에 위치했다. 펜션, 매 점, 화장실 등 본부 건물을 중심으로 윗뜰과 아랫뜰이 나뉜다. 윗뜰 에는 텐트 43동을 칠 수 있다. 나무가 거의 없어 그늘이 생기지 않지 만 공간이 넓어 텐트를 치기 편하다. 겨울에는 햇빛이 잘 들어 비교 적 따뜻하다. 본부 건물 바로 앞이 앞뜰이다. 화장실, 개수대 등이 가 까워 편하지만 사람들이 많이 돌아다니기 때문에 조용하지는 않다. 옆뜰은 8동의 텐트만 칠 수 있도록 따로 마련돼 있어 조용하게 캠핑 을 즐길 수 있다.

서울 쪽에서 출발한다면 강변북로, 올림픽대로 등을 이용해 팔당대교 쪽으로 간다. 고읍 교차로에서 설악(청평) 방면으로 좌회전한다. 2km 정도 가다가 중미산휴양림 방면으로 좌회전, 동촌 삼거리에서 또 좌회전한다. 800m 정도 이동하면 솔뜰캠핑장 표지판이 보인다.

캠핑장은 1만5천 평 부지에 윗뜰, 아랫뜰, 앞뜰, 옆뜰 등의 사이트로 나뉜다. 소나무숲으로 이뤄진 아랫뜰은 쾌적한 분위기여서 인기가 좋다. 윗뜰은 나무가 없어 여름에는 불편하지만 겨울에는 햇빛이 잘 들어 따뜻하다는 이점이 있다. 앞뜰은 본부 건물 바로 앞에 위치해 화장실 등 편의시설이 가깝다. 대신 오가는 사람이 많아 시끄럽다. 옆뜰은 캠핑장 옆쪽에 따로 8동만 텐트를 칠 수 있도록 만들어 놓았다. 사생활이 더 잘 보장된다. 캠핑장은 전기를 모두 사용할 수 있고 24시간 온수도 나온다. 장작, 다과류 등을 매점에서 판매한다. 장작은 1만1천 원에 판매. 전화로 시키면 캠핑장지기가 텐트로 직접 배달해준다. 캠핑장 이용료는 어른 2명, 아이 3명 기준 1박에 3만 원. 예약은 홈페이지(www.solddeul.com)를 통해 할 수 있다. 031.771.9670

연
천

구 석 기 터 전 이 아 늑 한 야 영 지 로

캠
핑
장

한
탄
강

구 석 기 터 전 이 아 늑 한 야 영 지 로

캠핑객들은 연천 한탄강캠핑장, 가평 자라

섬캠핑장, 동해 망상캠핑장을 국내 3대 오

토캠핑장으로 꼽는다. 이들 캠핑장의 공통

점은 천혜의 자연경관과 최신식 시설이 조

화를 이뤘다는 데 있다.

연천 전곡리 가는 길, 난데없이 공룡 모형이 등장한다. 캠핑가는 발걸음이 어느새 타임캡슐로 옮겨진 기분이다. '구석기 조형물'이 즐비하더니 이내 '한탄강관광지' 팻말이 보인다. 30만 년 전 유물인 아슐리안 주먹도끼가 발견돼 한반도의 구석기 지도를 바꿔놓은 전곡리가 요즘은 국민관광지가 됐다. 그중 가장 인기가 좋은 곳은 단연 캠핑장이다.

'한여울'의 노래를 들으며 캠핑을 즐기다

한탄강캠핑장은 2008년 전곡리 일대를 한탄강관광지로 재정비하면서 선보인 곳이다. 가로 8m, 세로 8m의 규격화된 야영장에는 전기시설과 조명이 설치돼 있어 오토캠핑장으로 손색이 없다. 캠핑장 한가운데 설치된 개수대를 비롯해 샤워시설과 화장실 등 모든 시설이 쾌적하고 깔끔하다. 캠핑객들이 가평 자라섬오토캠핑장, 동해 망상오토캠핑장과 함께 한탄강캠핑장을 3대 오토캠핑장으로 꼽는 이유를 단번에 알 수 있다. 시설 면에서도 부족함이 없지만 자연경관 또한 빼어나기 때문이다. 한탄강을 따라 길게 늘어선 캠핑장은 강의 정취를 한몸에 안고 있다.

한탄강은 순우리말로 '한여울'이라 불렸다. '크다'는 의미와 '물살이 굽이쳐 흐르는 계곡'의 의미가 담겨 있다. 유연하게 굽이치는 한탄강의 자태가 캠핑장에 서면 한눈에 들어온다. 사실 한탄강 일대는 오토캠핑장이 들어서기 이전에도 야영장으로 인기가 높았다. 1990년대부터 투명한 한탄강을 바라보며 하얀 모래 위에서 하룻밤을 청하는 한탄강 야영이 큰 인기를 끌었다. 한탄강 물살을 타고 빼어난 기암절벽을 볼 수 있는 래프팅도 한탄강을 명소로 만들었다.

1

2   3

1   캠핑장 주변으로 자전거도로가
잘 정비돼 있다. 가족과 함께 자전거
를 탈 수도 있고 한탄강에서 오리배
를 즐길 수도 있다. 날이 더 따뜻해지
면 래프팅까지 선택 폭이 넓어진다.

2   한탄강은 순우리말로 '한여울'
이라 불렸다. '크다'는 의미와 '물살
이 굽이쳐 흐르는 계곡'의 의미가
담겨 있다. 유연하게 굽이치는 한탄
강의 자태가 캠핑장에 서면 한눈에
들어온다.

3   한탄강캠핑장에는 자동차야영
장 이외에도 캐빈 하우스 등 다양한
시설이 있다. 굳이 텐트를 챙기지
않아도 하룻밤을 보낼 수 있다.

구석기로 시간 여행을 떠나요

한탄강캠핑장이 각광을 받는 이유는 즐길 거리가 풍부할 뿐 아니라 배움의 터가 되기 때문이다. 캠핑장 인근 전곡리 선사유적지를 찾으면 한반도 구석기 모습을 한눈에 볼 수 있다. 1978년 주한미군 병사 그렉 보웬이 한탄강유원지를 들렀다가 석기로 보이는 유물들을 발견한 게 전곡리 유물 발굴의 시초였다. 이후 서울대 김원룡 교수를 주축으로 조사단이 구성돼 지표 조사가 이뤄졌는데 전곡리 일대의 유물들은 중기 홍적세 후반기의 것으로 밝혀졌다. 한국의 구석기 역사를 바꿔놓을 정도로 의미 있는 발견이었다. 동아시아 최초의 아슐리안형 주먹도끼를 비롯해 찍개, 가로날도끼 등 대형 석기 등이 발굴됐다. 유적관을 찾으면 전곡리 유적에 관한 설명과 세계 구석기 문화의 흐름을 살펴 볼 수 있다.

매년 5월에는 연천전곡리구석기축제가 열린다. 구석기 문화가 있는 미국, 중국, 일본, 프랑스, 칠레 등 14개국을 초청해 각국의 구석기 문화를 비교 관찰할 수 있는 장이 펼쳐진다. 선사박물관이 새롭게 문을 열면서 다양한 시연과 세미나도 열린다. 축제 기간 동안 구석기 벽화 그리기, 선사체험, 구석기 퍼포먼스 등 다양한 행사가 열린다. 한탄강에 캠핑을 왔다면 구석기로의 시간 여행을 빼놓을 수 없다.

4

5

6

4 ——————
은은하게 조명이 들어온다. 길을 따라 불빛이 생기기 때문에 랜턴을 여러 개 켜는 수고를 덜 수 있다.

5 ——————
한 어린이가 공룡 알을 테마로 한 어린이캐릭터공원 놀이시설에서 즐거운 시간을 보내고 있다

6 ——————
캠핑장 바로 옆에 한탄강관광지 축구장이 있다. 놀거리, 즐길 거리가 충분한 것이 한탄강캠핑장의 매력이다.

볼거리·즐길 거리가 풍부한 곳

구석기 유물은 한탄강캠핑장의 주요 테마이다. 캠핑장 옆에 조성된 어린이캐릭터공원은 공룡을 캐릭터화해 만든 어린이 놀이시설이다. 공룡 알 위에서 뛰어놀고 아기공룡과 사진을 찍다보면 시간가는 줄 모른다. 캐릭터공원 바로 옆에 있는 어린이교통랜드에서는 교통안전 이론과 체험을 할 수 있다. 또 관광지 내에는 축구장, 족구장, 풋살 경기장, 농구장 등 다양한 운동시설이 마련됐다. 관광지를 빙 둘러 조성된 자전거도로에서는 캠핑객은 물론 나들이객이 자전거 타기에 한창이다. 오리배 등을 타고 한탄강의 낭만을 즐기는 사람들도 많다.

관광지 입구 쪽에는 무인역인 한탄강역이 있다. 역 건물이 따로 없고 직원이 상주하지 않지만 기차는 어김없이 이 역에 멈춰선다. 무인역에서 기차를 기다리는 경험은 현재의 시간을 거스르는 묘한 매력이 있다. 굳이 캠핑을 하지 않더라도 하루 나들이 코스로 손색이 없는 곳이 한탄강관광지이다.

경원선 열차를 이용할 경우 동두천역에서 매시 50분에 출발하는 열차를 타면 된다. 한탄강역까지 약 12분 정도 소요된다. 버스는 도봉산역에서 39, 39-1, 39-5번을 타고 한탄강역에서 내리면 된다. 차를 몰고 온다면 3번 국도를 타고 의정부를 지나 동두천- 초성검문소- 한탄강 다리(한탄대교) 건너기 전 우측도로를 탄다. 한탄강역 앞에서 좌회전하면 한탄강관광지가 보인다. 내비게이션에는 '경기도 연천군 전곡읍 전곡리 630번지'를 입력하거나 '한탄강역' 입력 뒤 한탄강관광지 표지판을 따라 오면 된다.

캠핑장은 자동차 야영장과 케빈 하우스로 나뉜다. 최근 성수기 이용객이 많아지면서 관리사무소가 있는 언덕 쪽에도 자동차야영장 시설을 구축했다. 기존 강변 쪽 야영장은 한탄강을 바라보며 3열로 배치됐다. 언덕 쪽 야영장은 관리사무소를 가운데 두고 양쪽에 약 100여 동이 텐트를 칠 수 있도록 구성됐다. 사이트마다 배전판이 설치돼 전기 이용이 수월하다. 캠핑장 한가운데 개수대시설이 있다. 화장실, 식수대, 샤워장 등의 시설이 모두 잘 갖춰져 있다. 다만 아쉬운 점은 그늘이 부족하다는 점이다. 캠핑장이 조성된 지 얼마 되지 않아 나무의 키가 작다. 타프를 꼭 챙겨 와야 한다. 또 캠핑장이 심야에도 차량 통행이 잦은 2개 대교 사이에 위치해 소음이 들리는 것도 단점이다. 자동차야영장 이용료는 전기료를 포함해 1박에 평일 1만 원, 주말·성수기 2만 원이다. 성수기에는 예약이 빨리 차기 때문에 예약을 서둘러야 한다. 케빈 하우스 이용료는 4만~8만 원. 캠핑장 바로 옆에 축구장, 어린이교통랜드, 어린이캐릭터공원 등 다양한 시설이 있다. 예약 www.hantan.co.kr, 031.833.0030

영동

하늘·산·바람이 잠긴 물길에서

송호국민관광지 야영장

캠핑을 다니다보면 한국에 이렇게 아름다운 곳이 많았나 하는 생각이 든다. 비단물결 금강 중에서도 수려한 풍광을 자랑하는 영동 송호국민관광지를 찾으면 절로 힐링이 된다.

하늘과 땅 사이 은빛 경계가 흐른다. 어디가 하늘이고 어디가 강인
지 모를 몽롱한 빛깔의 비단물길. 가만히 보면 물길은 하늘빛이자
풀빛이고 바위색이면서 꽃색이다. 온 세상이 금강에 풍덩 빠진 격.
금강에 비친 세상은 진짜 세상보다 더 영롱하다. 그 물길을 따라 야
영에 나섰다.

천내강과 양강의 감미로운 바람을 타고

금산IC에서 68번 지방도로에 올랐다. 금강 상류 물줄기가 길옆으로 따라붙는다. 까마득하게 높은 바위벽이 강줄기를 에워싸고 물살은 이리저리 산을 휘감는다. 며칠 전 내린 소나비 덕에 물소리는 한껏 풍성하다. 갈대와 수풀이 우거진 천변, 사진을 찍기 위해 멈춘 곳에서 눈을 의심했다. 어미소와 새끼소가 끈도 묶지 않은 채 유유히 풀을 뜯는다. 주인은 간데없고 소들만 서성인다. 이곳의 시간은 옛 농촌에 묶인 듯 감미로운 강바람만 얼굴을 스친다.

　　　지도상엔 금강이지만 주민에겐 천내강으로 불리는 곳. 금산을 적시며 흘러온 강물이 영동으로 빠져나가기 직전 금산군 제원면 천내리 주변에 형성된 강이다. 물줄기가 영동군 양산면에 다다르면 '양강'으로 이름을 달리한다. 금강은 이렇게 양산 송호리 주변에 양산팔경을 만들고 다시 옥천과 보은을 지나 대청호로 이어진다. 대청호를 거치면 다시 공주와 부여, 군산을 통해 서해로 흘러드는 '젖줄'. 그중에서도 송호리의 물길 '양강'은 몽롱할 정도로 아름답다.

1   2

3

1 ———
천내강변에서 소가 유유히 풀
을 뜯는다. 소 주인은 어디에도 보
이지 않는다. 늘 그래왔다는 듯 태
연하게 풀을 뜯는 소가 천내강과 어
우러진다.

2 ———
송호국민관광지야영장에는 방
갈로도 설치돼 있다. 텐트가 없다면
방갈로를 이용할 수 있다.

3 ———
송호국민관광지야영장에서는
사이트를 자유자재로 구축할 수 있
다. 강을 바라보는 곳에 텐트를 치
고 의자에 앉았다. 물길을 흐르는
바람소리가 어찌나 감미로운지 와
본 사람만이 안다.

천 그루 소나무 사이로는 시원한 그늘

'국민관광지'라는 이름이 세련되진 않지만 풍광만큼은 내로라할 만하다. 눈부신 물길 옆으로 천 여 그루의 소나무가 하늘을 위협한다. 최고 수령 400여 년에 이르는 소나무가 우아한 춤을 추듯 가지를 뻗는다. 황해도 연안부사였던 박응종이 가져온 솔방울이 지금의 송호리 송림을 이루는 씨앗이었다. 지금도 송호리관광지 일대는 밀양 박씨 가문의 땅이다. 마을에는 밀양 박씨 문중 20여 가구가 명맥을 이어가고 있다.

소나무숲을 중심으로 펼쳐지는 관광지 면적은 총 28만 4290m². 이곳에 양산8경 중 3곳이 있다. 송호리에서 양강 건너편인 봉곡리에 있는 '강선대'는 선녀가 내려와 목욕을 했다는 전설이 내려온다. 그래서 송호리 양강 물속에 우뚝 솟은 기암은 하늘로 오르려던 용이 선녀가 목욕하는 것에 반해 오르지 못하고 떨어진 것이라며 '용암'으로 부른다. 또 용암이 내려다보이는 곳에 위치한 여의정은 박응종이 말년에 후학을 가르친 곳이다.

4

5

약 400년 전 황해도 연안부사
였던 박응종이 가져온 솔방울이 지
금의 송호리 송림을 이루는 씨앗이
었다.

송호국민관광지야영장은 오토
캠핑장이 아니다. 매표소 앞에 차를
주차하고 캠핑장비는 손수레로 옮
겨야 한다. 전기도 사용할 수 없으
니 참고할 것.

오토캠핑 대신 '아날로그' 야영을……

송호리야영장은 '차'로 들어갈 수 없다. 입구 앞에 주차를 한 뒤 손수레를 이용해 캠핑장비를 옮겨야 한다. 오토캠핑객에게는 다소 불편한 점이 야영장 풍광을 지키는 열쇠다. 몇백 년 수령의 소나무가 늠름하게 지켜 설 수 있던 이유다. 야영 사이트는 따로 구분되지 않는다. 소나무 사이에 자유롭게 사이트를 구축할 수 있다. 양강이 보이는 솔밭은 명당으로 꼽힌다. 2000년대 들어 운영된 야영장은 예약 시스템이 아니다. 300동까지 선착순으로 입장한다. 야영을 하기 전에 송호국민관광지 관리사무소에 미리 전화를 하면 야영 가능 여부를 확인할 수 있다.

송호리에서는 어쩔 수 없이 '아날로그' 야영을 해야 한다. 전기를 사용할 수 없기 때문이다. 전자기기를 사용하는 호사 대신 불편을 자처한다. 그런데 불편함보다는 넉넉함이 흐른다. 유유히 흐르는 양강을 따라 산책하는 길은 맑은 자연이 깔린다. 조각공원, 방갈로, 족구장, 물놀이장, 운동장 등에서 '전기'를 이용하지 않고도 즐길 수 있는 놀이를 찾을 수 있다. 특히 아침, 저녁으로는 양강 앞에 자리를 잡고 앉아보기 바란다. 양강 그득히 하늘과 산이 비치면서 온 세상이 강속으로 잠겨드는 운치에 흠뻑 젖게 될 테니까.

금산IC에서 나와 68번 지방도로를 타고 충북 영동군 양산면 방향으로 향한다. 천내강과 양강을 끼고 양산에 다다르면 '송호국민관광지' 표지판이 보인다. 내비게이션에는 '충청북도 영동군 양산면 송호리 299-1'을 치면 된다.

송호국민관광지야영장은 오토캠핑장이 아니다. 매표소 앞 주차장에 차를 대고 손수레를 이용해 캠핑장비를 날라야 한다. 전기도 사용할 수 없으므로 '아날로그' 캠핑을 준비해야 한다. 입장료와 야영비, 텐트 사이트 이용료가 각각 나뉘어 있다. 관광지 입장료는 성인 1천 원, 청소년 800원, 어린이 500원이다. 2박3일 기준 야영비는 성인 900원, 청소년 700원, 어린이 400원이다. 2박3일 기준 텐트 사이트 이용료는 리빙쉘과 같은 대형 텐트 3천 원, 3인용 이하 소형 텐트와 타프는 1천5백 원이다. 화장실은 수세식이고 깨끗하지만 전체 야영장에 2곳 밖에 없다. 개수대 3곳. 샤워장은 물놀이장이 문을 여는 여름철에만 이용할 수 있다. 매점이 있어 장작을 구매할 수 있다. 화로를 사용해서 모닥불을 피워야 한다. 송림이 우거져서 그늘이 풍부하다. 소나무 사이사이에 사이트를 구축할 경우 타프가 필요 없을 정도도. 강이 보이는 사이트는 풍광이 좋지만 타프를 따로 쳐야 한다. 조각공원, 방갈로, 족구장, 물놀이장, 운동장 등 부대시설을 이용할 수 있다. 예약은 받지 않고 선착순 입장이다. 야영 가능 여부를 송호국민관광지 관리사무소(043-740-3228)에 문의하고 찾는 것이 좋다.

영월

산을 섬으로 만든 물길에서

리
버
힐
즈

오
토
캠
핑
장

'강의 고을'로 통하는 영월. 그중에서도 주천

강의 절경을 품고 있는 '섬안이강'으로 캠핑

을 떠났다. 강, 산, 숲이 모두 매력을 발산하

는 물길에서 하룻밤 힐링타임을 청한다.

'서마니강'이라 했다. 누군가는 말한다. '섬 안이 강'이라고. 첩첩산중
영월에서 '섬' 타령인 강. 수려한 S라인으로 땅을 휘감고 돌아 산마
저 고립시키는 물길. 섬안이강은 치악산의 갈래갈래 물길이 모여 형
성됐다. 유려한 강은 풍성해지며 주천강이 되고 평창강과 합쳐져 서
강을 이룬다. 서강이 다시 동강과 합쳐져 남한강으로 흘러들어가 한
강으로의 여행을 시작한다. 한강의 첫 물줄기가 영월을 관통하는 셈
이다. 그 시작점에 살포시 텐트를 내려놓는다.

강이 산을 안은 듯, 산이 강을 숨긴 듯

주천강 상류는 산을 휘감고 돌아 섬 지형을 만든다 해서 서마니강, 또는 섬안이강으로 불린다. 옛날에는 뒤로 산이 우뚝하고 앞으로 강이 흘러 섬처럼 고립된 마을이었다. 섬안이강은 운학(雲鶴), 두산(斗山), 도원(桃園), 무릉(武陵)리 등을 거친다. 마을 뜻을 합쳐보니 '별처럼 높은 산에 구름과 학이 뛰노는 무릉도원'이다. 이름처럼 이곳은 주천강에서 가장 경관이 뛰어난 곳이다.

이 물길에 리버힐즈캠핑장이 있다. 이름처럼 강 언덕에 캠핑장이 위치했다. 입구에서 보면 캠핑장은 소나무숲으로 절경을 감추고 있다. 그러나 캠핑장 안으로 들어서면 마치 산이 물을 삼키듯, 물은 산에 음각을 새기듯 혼연일체가 된다. 강이 산을 안은 건지, 산이 강을 품은 건지 아찔한 풍경이다. 산수가 빼어난 영월의 풍모가 캠핑장에 고스란히 스며 있다.

1
캠핑장 경관은 눈이 부실 정도로 아름답다. 산에 음각을 새기듯 굽이치는 강 옆으로 수백 그루의 소나무가 그늘을 형성한다.

2
캠핑장에서는 아이들이 가장 빛난다. 자연의 변화 하나하나에도 민감하게 반응하며 즐거워한다.

3
캠핑장의 가장 위쪽 사이트. 강과 맞닿는 곳에 텐트를 친 격이다. 풍광이 아찔하다.

'푸른 농원' 야영장에서 리버힐즈오토캠핑장으로

캠핑장은 섬안이강과 회봉산을 끼고 약 1만3천여 평 부지에 조성됐다. 강과 맞붙어 있는 사이트와 둔덕 자갈 사이트까지 약 200여 동의 텐트가 들어섰다. 처음부터 이곳이 오토캠핑장이었던 것은 아니다. 원래 '푸른 농원'으로 주말농장과 야영장으로 운영되던 곳이었다. 오토캠핑 붐이 일면서 3년 전부터 오토캠핑객을 받기 시작했다.

리버힐즈캠핑장의 원이선 사장이 처음 영월을 찾은 것은 1987년. 주말농장 부지를 찾기 위해 3년을 돌아다녔다. 그러다 지인을 통해 지금의 땅을 알게 된 이후 망설임 없이 영월에 자리를 잡았다. 산과 강이 만드는 조화도 아름다웠지만 자연산 소나무 수백 그루가 만드는 그늘이 더없이 매력적이었다. '산'과 '강', '소나무숲'이 절묘한 조화를 이룬 곳. 웅장한 산수와 아늑한 솔밭이 캠핑의 밤을 풍성하게 한다.

4

4 ————
하늘에 달이 떴다. 채 무르익지 않은 보름달. 그 밑에 땅에서는 텐트의 별이 반짝인다.

5 ————
여름캠핑장은 다양한 아웃도어 활동의 천국이 된다. 요즘에는 카약 인기가 높다.

6 ————
요즘 트레일러가 부쩍 늘었다. 국내에서 제작하는 트레일러도 늘어나 구매하기가 조금 더 쉬워졌다는 이유도 작용한 것으로 보인다.

5 6

카약 탈까, 낚시할까, 관광할까

리버힐즈캠핑장의 테마는 다양하다. 그중에서도 '물'을 빼놓을 수 없다. 큰 비가 내리면 물살이 거세져 물놀이는 원칙적으로 허용하지 않는다. 대신 안전장치를 갖춘 채 즐길 수 있는 카약과 래프팅이 인기를 모은다. 낚시 또한 가족끼리 즐기기에 좋다. 캠핑장에서 낚시 도구를 빌릴 수 있다.

시간적 여유를 가지고 캠핑을 왔다면 영월의 관광명소를 찾는 것도 좋다. 주천강을 따라 관광명소가 포진해 있다. 조선 중기 양사헌이 '신선이 놀다간 자리'라 명명한 요선암이 지척에 있다. 반쯤은 물에 잠겨 있고 일부가 물 위로 나와 있는데 돌출한 부분이 마치 조각품처럼 신비롭다. 요선정에서 10km 거리에는 법흥사가 있다. 국내 5대적멸보궁 가운데 하나인 법흥사는 호젓한 매력을 발산한다. 이외에도 영월 전체에 볼거리가 풍성하다. 장릉, 한반도 지형, 동강, 어라연, 고씨굴, 탄광문화촌 등 자연, 역사, 문화를 모두 담아가기에 영월은 부족함이 없다.

영동고속도로를 타고 만종 분기점에서 중앙고속도로를 탄다. 남원주, 제천 방향으로 오다가 신림IC에서 나온다. 주천, 영월 방향으로 향하다가 황둔 삼거리에서 좌회전해 운학 방면으로 약 5분 정도 차를 몰고 오면 된다. 내비게이션에는 '강원도 영월군 수주면 두산리 169 리버힐즈오토캠핑장'을 치면 된다.

리버힐즈오토캠핑장은 약 1만3천 평 부지로 꽤 넓은 편이다. 사이트는 총 3구획으로 나뉜다. 강과 인접한 사이트는 B구역과 C구역이다. 캠핑장 입구 쪽이 C구역이고 캠핑장 안쪽이 B구역이다. B, C구역은 모두 강과 가장 인접한 쪽부터 소나무숲까지 다양하게 펼쳐진다. 강쪽이라 해도 소나무그늘이 풍성해 캠핑하기 좋다. 그러나 산을 파고든 강의 지형 덕에 강바람이 매섭다. 특히 밤에 더 거세지므로 강쪽에 텐트를 칠 때에는 유의해야 한다. 타프가 찢어지는 사고도 빈번하다. A구역은 강 둔덕 자갈 사이트다. 강쪽에서 3~4m 올라와 있어 강바람 걱정을 덜 수 있다. 대신 소나무그늘이 부족한 편이기 때문에 타프를 꼭 챙겨야 한다. 개수대와 화장실은 캠핑장 입구와 안쪽에 각각 설치돼 있다. 24시간 온수가 나오는 샤워시설도 갖췄다. 캠핑장 안에 매점이 있어 편리하다. 캠핑장 이용료는 전기 사용료 포함 4인 기준 1박에 2만5천 원이다.

완
주

선 녀 와 나 무 꾼 마 을

캠 래
핑 미
장 안
　 밸
　 리

이름이 '아파트'를 연상시키지만 래미안밸
리캠핑장은 비포장도로를 4km가량 달려야
닿을 수 있는 깊은 산속에 있다. '선녀와 나
무꾼' 전설이 내려오는 숲속마을 캠핑장에
서는 대둔산의 정취를 한껏 맛볼 수 있다.

전라북도 완주군 운주면에는 새로 생긴 캠핑장이 많다. 대둔산 기암
봉이 눈앞에 펼쳐진 마을에는 맑은 계곡물이 흘러 여름철 피서지로
인기가 높은데, 주민들은 여름 한철 인근을 지나는 등산객과 행락객
에게 평상을 내주곤 한다. 최근에는 숲속 방갈로와 펜션들이 캠핑장
을 함께 운영하기 시작했다. 래미안밸리캠핑장도 그중 한 곳이다.

선녀가 지키던 깊은 산속

운주면 일대는 여름철 인기 있는 관광지다. 그런데 고당리로 가는 길은 포장도로가 놓여 있지 않다. 계곡을 따라 4km가량 구불구불 외길을 지나면 '선녀와 나무꾼' 표지판이 서 있는 '삼거리마을'이 나온다. 원래 고당리는 '시어머니 고(姑), 마당 당(當)'의 이름처럼 '고당 할매'가 지키던 곳이라고 한다.

　　　래미안밸리 캠핑장지기이자 고당리 이장인 김기용씨는 "우리 마을은 예부터 '선'(仙)자를 즐겨 썼어요. 마을 뒷산에는 '선녀봉'이 있고요. 원래 운주면이 아니라 '운선면'으로 불렸습니다"라고 말한다. 고당 할매가 지키고 선녀가 나오던 마을은 '선녀와 나무꾼' 이야기의 배경이 됐다고도 한다. 완주군에서는 고당리 삼거리마을을 '선녀와 나무꾼' 마을로 지정했다.

1

2

3

1 계곡 건너편에서 캠핑장을 바라보았다. 앞엔 고당천이 뒤로는 대둔산자락이 캠핑장을 감싼다.

2 아이들이 물놀이를 즐긴다. 캠핑장 바로 옆에는 고당천이 흐른다. 대둔산 줄기를 타고 흐르는 맑은 물이다.

3 나무그늘 아래 해먹을 펼쳐 놓고 낮잠을 청하는 순간만큼 캠핑의 '즐거움'을 느끼게 하는 때가 있을까.

"오면 아름답고 편안해요" 래미안캠핑장

운주면 일대에 캠핑장이 속속 생기고 있지만 모두 다 잘되는 것은 아니다. 원래는 '대둔산' 산행에 중점을 두고 다른 캠핑장을 찾아 나섰다. 그러나 원래 찾으려던 캠핑장은 문을 닫은 상태였다. '잔디 훼손'을 이유로 올 여름부터 캠핑객을 받지 않는 거였다. 다행히 다른 캠퍼로부터 '래미안캠핑장'을 소개받았다. 아파트 이름을 연상시키는 캠핑장 이름 때문에 다소 꺼려졌지만 실제 모습을 보면 '도시' 이미지를 전혀 떠올릴 수 없다.

김기용 캠핑장지기는 "래미안이 영어처럼 느껴지지만 원래 한자예요. 래미안(來美安), 캠핑장에 오면 아름답고 편안하다는 의미로 쓰기 시작했죠"라고 말한다. 김씨는 10년 전 고당리에 자리를 잡았다. 원래는 논농사를 짓던 땅에 김씨는 방갈로와 평상 등을 설치하고 여름 피서객을 맞았다.

캠핑장으로 문을 연 건 2011년 가을. 단골이 "텐트를 치기 좋을 것 같다"며 '캠핑장'으로 개방할 것을 권유했다. 김씨도 사시사철 사람들이 찾았으면 하는 바람에 캠핑장시설을 갖추기 시작했다. 캠핑장 바로 옆으로는 고당천이 흐르고 뒤로는 대둔산이 감싸고 있다. 풍광도 좋고 즐길 거리도 많다. 캠핑장 앞 계곡은 수심이 깊지 않아 여름철 아이들이 물놀이를 즐기기에 그만이다. 인터넷 카페 등에서 입소문을 타기 시작한 캠핑장은 이제 주말이면 캠핑장이 가득 찰 정도로 인기가 높아졌다.

4

5 6

4 ─────
　마치 아파트 이름 같은 캠핑장의 속뜻은 깊다. 한자로 래미안(來美安), 캠핑장에 오면 아름답고 편안하다는 의미다.

5 ─────
　장마 전 캠핑장 앞 계곡은 수심이 얕다. 초등학생 허리춤까지 오는 깊이다. 아이들은 그물을 들고 다슬기와 민물고기를 잡는다.

6 ─────
　래미안밸리캠핑장은 원래 여름 한 철 행락객에게 계곡그늘 평상을 내주던 곳이었다. 단골이 캠핑을 하기에 더 없이 좋은 장소라고 추천해 캠핑장으로 문을 열게 됐다.

사흘을 둘러보고도 발이 떨어지지 않는 산

래미안캠핑장을 찾았다면 '대둔산 산행'을 빼놓을 수 없다. 원효대사는 대둔산(878.9m)을 '사흘을 둘러보고도 발이 떨어지지 않는 산'이라 칭했다. 대둔산은 충남 금산군 진산면, 논산시 벌곡면과 전북 완주군 운주면의 경계에 위치했다. 수십 개 기암봉의 위세와 아름다운 풍경이 유명한 전북 완주 방면은 1973년 전북도립공원으로 지정됐다.

완주쪽 대둔산에는 많은 기암봉들이 밀집해 있다. 장군봉, 왕관봉, 칠성봉, 쌍칼바위 등 각양각색의 기암봉 사이를 휘도는 등산길은 산행의 진수를 맛보기에 충분하다. 기암봉 사이를 잇는 구름다리에는 절경을 사진으로 남기려는 이들로 항상 붐빈다. 등산이 부담스럽다면 산중턱까지 놓인 케이블카를 이용할 수도 있다. 완주군 운주면 산북리의 집단시설지구에서 케이블카를 타고 산중턱까지 올라 구름다리~삼선계단~마천대(정상)~칠성봉 전망대~용문골로 이어지는 원점회귀 코스를 이용하면 대둔산의 절경을 두루 살펴볼 수 있다.

🚐 　대둔산도립공원 입구에서 17번 국도를 따라 완주 방향으로 온다. 고당리 방면으로 들어서면 비포장도로다. 계곡을 따라 난 외길로 약 4km를 들어오면 '래미안캠핑장' 표지판이 보인다. 내비게이션에는 '전북 완주군 운주면 고당리 179'를 입력하면 된다.

⛺ 　캠핑장 이용료는 원래 2만5천 원이다. 전기 사용 가능. 캠핑장에서는 무선인터넷도 사용할 수 있다. 화장실과 취사장은 각 2동씩 있다. 샤워실에서는 24시간 온수가 나온다. 캠핑장은 2단 계단식으로 구성됐다. 파쇄석 사이트와 잔디 사이트가 있다. 계곡 쪽 사이트는 바람이 강하게 불 때도 있으니 팩을 잘 박아야 한다. 인근에 도로가 없어 조용하다. 텐트 30동으로 예약을 제한해 여유롭게 캠핑을 즐길 수 있다. 장마 전에는 계곡 깊이가 깊지 않아 어린이가 물놀이하기 좋다. 캠핑장지기가 간이매점도 운영한다. 겨울에도 정상 운영된다.

용인

연미향마을

농촌의 정을 만끽하다

캠핑장

자연, 맛, 향이 어우러진 마을에 캠핑장이 생겼다. 신생 캠핑장이 인기몰이를 하는 이유를 농촌의 '정(情)'에서 찾았다.

자연을 이불삼아 하룻밤을 보내는 것. 캠핑은 자연만으로도 최고의 체험 프로그램을 선사한다. 경기 용인의 연미향마을은 '농촌의 정(情)'을 캠핑에 담았다. 쥐불놀이, 썰매 타기, 달집 태우기, 두부 만들기 등 도시에서 잊혀져가는 옛 풍습을 연미향에서 경험할 수 있다. 연미향마을캠핑장은 한겨울에도 떠들썩한 축제의 장이다.

자연, 맛, 향이 어우러진 곳

'연미향'은 자연, 맛, 향이 어우러진 곳이라는 의미다. 원래 용인시 처인구 원삼면 독성리, 두창리, 중문리 등을 묶어 '독성권역'으로 불렀는데, 2004년 농촌종합지역개발 사업에 선정되면서 농촌의 자연과 전통 맛을 알리자는 의미로 '연미향마을'이라는 이름을 지었다.

마을 대표 프로그램은 친환경 슬로푸드체험이었다. 우렁이농법을 도시민과 함께 체험하고 된장, 메주, 손두부 등 시골집 밥맛을 선보였다. 알음알음 체험객이 찾아왔지만 다른 농촌체험과 차별화하기에는 2% 부족한 느낌이었다. 마을의 큰 변화는 2011년 4월 캠핑장을 열면서 시작됐다. "체험마을시설을 이용해 캠핑장을 열면 어떻겠느냐"는 시청 직원의 조언을 받아들여 마을에 오토캠핑장이 조성됐다.

1

2

3

1 ——————
연미향마을 입구 쪽 캠핑장 모
습. 한겨울에도 예약이 다 찰 정도
로 인기가 좋다.

2 ——————
연미향마을체험장. 겨울에는
눈꽃얼음축제를 연다.

3 ——————
등유난로를 설치했다. 영하의
날씨와 매서운 바람을 견뎌야 하지
만 겨울캠핑은 나름 낭만이 있다.
난로 앞에 도란도란 모여앉아 이야
기를 나누는 재미도 그중 하나다.

머리로 하지 말고 가슴으로 하라

연미향마을캠핑장의 강점을 꼽는다면 '농촌의 정'이라 할 수 있다. 연미향마을 정두만 위원장은 "우리 마을에 뚜렷한 먹거리나 볼거리가 있는 것은 아닙니다. 그런데 된장찌개, 청국장 한 그릇이 사람 마음을 열더라고요. 캠핑객에게 '머리'가 아닌 '가슴'으로 다가가니까 찾는 사람이 많아지기 시작했어요"라고 말한다.

　　　　캠핑장은 구봉산자락에 있다. 곳곳에 원두막이 있어 농촌의 정취를 자아낸다. 체험마을과 언덕 하나를 사이에 두고 두창저수지가 있다. 겨울낚시를 즐기는 이가 연미향 인근을 지난다. 그런데 연미향마을의 자랑거리는 풍광이 아니다. 바로 체험 프로그램이다. 마을은 주말마다 1시간에 한 번꼴로 체험교실을 연다. 떡 만들기, 손두부 만들기와 같은 슬로푸드체험부터 인형, 시계 만들기 등 다양한 공예체험 프로그램이 개최된다. 캠핑객에게는 따로 체험비를 받지 않고 열린 프로그램으로 운영한다. 정월대보름에는 달집 태우기, 쥐불놀이 등을 열어 캠핑객에게 특별한 추억을 선사한다. 주말마다 캠핑장에서 마을 잔치가 열리는 셈이다.

4

5  6

4 —— 연미향마을은 계절에 맞는 체험 프로그램을 운영한다. 겨울에는 눈꽃얼음축제를 열고 눈썰매장 등을 운영한다.

5 —— 연미향마을체험관 앞 시설관에서 메주가 발효되고 있다. 마을에서는 우렁이쌀떡, 된장, 미니 손두부 만들기 등 슬로푸드체험 프로그램을 함께 운영하고 있다.

6 —— 연미향마을체험 프로그램은 하루 종일 이어진다. 특히 어린이들을 위해 인형, 시계 만들기 등 다채로운 행사가 열린다. 부모와 자녀가 함께 참여할 수 있다.

캠핑장은 축제의 장

캠핑장은 최대 40동까지 텐트를 칠 수 있다. 크게 3곳의 사이트로 나뉘는데, 가장 조용하고 아늑한 곳은 숲속 사이트다. 체험관 옆 언덕에 사이트가 있는데, 여름에는 나무그늘이 시원하게 형성된다. 따로 구획을 나눠놓은 것은 아니어서 자리를 잘 잡는 것도 중요한데, 숲속 사이트 안쪽으로 조금 더 조용한 공간이 나온다. 차를 텐트 옆에 주차할 수 있는 곳도 있지만 짐을 내리고 차를 옮겨야 하는 사이트도 있다.

체험관 앞쪽에도 사이트가 있다. 일반 오토캠핑장처럼 차를 일렬로 대고 옆 공간에 텐트를 칠 수 있는데, 개수대 등이 가까워 편리하지만 숲속만큼 조용하진 않다. 여름에는 그늘도 부족하다. 체험관 옆쪽 너른 마당에도 텐트를 칠 수 있다. 공간이 넓어 사이트 구성은 편하게 할 수 있지만 눈꽃축제장으로 가는 길이 바로 옆에 있어 시끌벅적하다.

캠핑장은 밤늦게까지 떠들썩한 분위기다. 하루 종일 캠핑장에 설치된 스피커로 대중가요가 흘러나오고 체험이 열린다는 방송도 수시로 울려 퍼진다. 그래서 조용한 캠핑을 즐기는 이보다 다양한 체험 거리를 찾아오는 '가족 캠퍼'가 많다. 해가 뉘엿뉘엿 질 무렵 마을체험관에서는 방송이 나온다. "눈썰매장에서 쥐불놀이를 합니다. 오시는 분께는 막걸리를 무료로 드려요." 캠퍼들은 연미향의 정을 한아름 텐트에 담아 간다.

영동고속도로를 타면 양지 나들목에서 나와 17번 국도를 타고 진천 방향으로 7km를 더 온다. 독성리에서 태영CC 방면으로 좌회전하면 슬로푸드체험관이 보인다. 내비게이션에는 '경기도 용인시 원삼면 독성리 22번지'를 입력하면 된다.

캠핑장은 최대 40동까지 텐트를 칠 수 있다. 크게 3곳의 사이트로 나뉘는데 가장 조용하고 아늑한 곳은 숲속 사이트다. 10~15동 정도 텐트를 칠 수 있다. 여름에는 나무 그늘이 시원하게 형성된다. 따로 구획을 나눠놓은 것은 아니어서 자리를 잘 잡는 것도 중요하다. 숲속 사이트 안쪽에 조금 더 조용한 공간이 있다. 차를 바로 옆에 주차할 수 있는 곳도 있지만 공간이 좁을 경우 짐을 내리고 차를 주차장에 세워야 한다.

체험관 앞쪽에도 5~10동 정도 텐트를 칠 수 있다. 텐트 바로 옆에 차를 세울 수 있다. 개수대가 옆에 있어 편리하다. 주차장도 비교적 가깝다. 체험관 옆쪽 너른마당에도 텐트를 15동 가량 칠 수 있다. 그늘이 전혀 없어 여름에는 불편할 수 있다. 또 눈꽃축제장이 바로 옆에 있어 떠들썩하다. 온수, 전기 모두 사용 가능. 1박 캠핑료는 1가족 당 1박 3만 원이다. 방문객에게는 돈을 받지 않는다. 캠핑을 하면 마을체험 프로그램에 참여할 수 있다. 체험 프로그램에 따로 참여할 경우 5천~1만 원 정도 체험비를 따로 내야 한다.

연미향마을캠핑장의 단점은 소음이다. 하루 종일 캠핑장에 설치된 스피커에서 철지난 대중가요가 흘러나온다. 마을 안내 방송도 수시로 한다. 연미향마을캠핑장은 '조용한 캠핑'을 즐기는 사람보다는 어린아이와 체험을 즐기는 '가족 캠퍼'에게 더 적합하다.

www.yeonmihyang.net, 031.332.8226

원
주

당 당 한 산 세 , 고 운 계 곡

야 구 치
영 룡 악
장 자 산
　 동
　 차

치악산은 거센 풍광에 고운 속살을 지녔다.

구룡자동차야영장은 빼어난 풍광만큼 시설

도 좋아 캠핑객 사이에 인기가 높다.

'강원도 원주경내에 제일 이름난 산은 치악산이라. 명랑한 빛도 없고 기이한 봉우리도 없고 시커먼 산이 우중충하게 되었더라. 중중첩첩하고 외외암암하야 웅장하기는 대단히 웅장한 산이라. 그 산이 금강산 줄기로 내린 산이나 용두사미라. 금강산은 문명한 산이요, 치악산은 야만의 산이라고 이름지을만한 터이리라'

이인직의 신소설 『치악산』은 이렇게 시작하지만 치악산을 직접 찾으면 '야만의 산'이라는 느낌은 들지 않는다. 특히 구룡자동차야영장에서 하룻밤을 묵으면 '당당한 산세 속 고운 계곡'을 몸소 체험할 수 있다.

풍광은 억세도 속살은 포근

'악'자가 들어간 산은 험한 산으로 명성이 자자하다. 치악산도 마찬가지다. 어떤 이는 '치악산맥'이라고까지 한다. 횡성 방면의 내치악은 비탈이 순하지만 원주 방면의 외치악은 가파르고 낭떠러지가 많다. 구룡자동차야영장은 원주에서 구룡사로 가는 길목에 있다. 험한 산세 속에 야영장이 포근하게 들어서 있는 터라 풍광이 빼어나다. 마치 억센 산의 포근한 속살에 안긴 느낌이다.

구룡자동차야영장은 국립공원야영장 중 몇 안 되는 오토 캠핑장이다. 화장실, 샤워실, 개수대 등의 시설을 잘 갖춰 캠핑하기 편하다. 보통 비수기인 11월에도 이곳의 인기는 식을 줄 모른다. 토요일 아침 일찍 이미 70동의 사이트가 꽉 찰 정도다. 야영장 안쪽으로는 구룡계곡이 흘러 여름철 더위를 식히기에 좋다. 바깥쪽으로는 치악산 주봉인 비로봉(1288m)까지 등산로가 이어진다.

1

2

3

1 —— 치악산 구룡사 가는 길목에 위
치한 구룡자동차야영장.

2 —— 구룡자동차야영장에서 구룡사
를 거쳐 치악산 주봉인 비로봉까지
오를 수 있다. 등산로에서 만나는
전나무숲은 풍광이 빼어나다.

3 —— 구룡산 등산로에서 겨울 준비
가 한창인 다람쥐를 만났다.

구룡사부터 세렴폭포를 거쳐 비로봉까지

구룡자동차야영장 옆으로 난 등산로는 구룡사 큰골에서 올라붙어 비로봉, 향로봉, 남대봉을 거쳐 윗성남까지 이어진다. 종주 거리는 무려 25km. 하루 종일 걸어야 겨우 당도할 거리다. 그중 구룡사~세렴폭포~사다리병창을 거쳐 비로봉까지 5.8km 코스가 사람들이 가장 많이 찾는 코스다. 사다리병창부터 비로봉까지는 산세가 험해 등산 초보자에게는 권하지 않는다. 세렴폭포까지 코스는 경사가 완만해 산책하듯 다녀올 수 있다. 느린 걸음으로 왕복 3시간 정도 걸린다.

등산의 시작은 구룡사이다. 신라 문무왕 때 의상대사가 창건했다는 절은 원래 아홉 마리의 용을 뜻했다. 하지만 옛날 한 노인이 거북바위의 혈을 끊은 이후 구룡사가 쇠락하자 거북 '구(龜)'를 절 이름에 넣게 됐다고 한다. 구룡사 위쪽으로 깊이가 제법 깊은 구룡소를 시작으로 계곡이 등산로 옆을 따라 온다. 길을 걷다 나오는 전나무숲과 소나무숲은 하늘을 찌를 듯 으리으리하다. 예부터 치악산의 소나무는 질이 좋기로 유명해 조선시대 황장목이 있다는 표시인 황장금표가 여전히 남아 있다. 세렴폭포는 '폭포'라 하기에는 아담한 규모다. 세렴폭포에서 비로봉으로 가는 길에는 치악8경 중 제5경인 사다리병창이 있다. 암벽의 계층이 사다리꼴로 돼 있고 주변 나무들과 어우러지는 풍광이 병풍 같아 '사다리 병창'으로 불린다.

4

5

4 ─────
구룡자동차야영장의 시설은 좋
은 편이다. 개수대, 화장실, 샤워실
모두 깨끗하고 사용하기 편리하다.
단 겨울철에는 동파 우려 때문에 개
수대를 사용할 수 없다.

5 ─────
치악산 금대지구 쪽에도 야영
장이 있다. 금대야영장은 전기를 사
용할 수 없지만 더 조용하고 아늑한
느낌이다.

대곡야영장과 금대야영장

치악산국립공원은 총 3곳의 야영장을 운영한다. 구룡자동차야영장을 비롯해 대곡야영장과 금대야영장이다. 대곡야영장은 구룡사에서 세렴폭포로 올라가는 길 중간에 있다. 차를 가지고 올라갈 수 없어 백패킹만 가능하다. 사람들이 적은 곳에서 여유롭게 캠핑을 즐길 수 있다. 단 7~8월에만 한시적으로 열기 때문에 겨울철에는 이용할 수 없다.

금대야영장은 구룡자동차야영장에서 약 40km가량 떨어져 있다. 치악산국립공원 금대지구에 있다. 구룡야영장보다 한산하고 아담하다. 55동의 텐트를 칠 수 있다. 오토캠핑장으로 조성돼 차를 텐트 옆에 주차할 수 있다. 단, 전기를 사용할 수 없어 아날로그 캠핑 준비를 해가야 한다.

영동고속도로 새말TG로 나와 학곡 삼거리 방면으로 온다. 구룡사로를 지나 치악산구룡자동차야영장으로 들어오면 된다. 내비게이션에는 '강원도 원주시 소초면 학곡리 920'을 입력한다.

구룡자동차야영장은 총 70동 수용 가능하다. 각 사이트마다 규격이 다르다. 주차 공간까지 활용한다면 큰 타프도 칠 수 있다. 24시간 온수가 나오는 샤워실과 화장실이 있다. 개수대는 동절기 기간 사용할 수 없다. 캠핑료는 성인 성수기 1만1천 원, 전기료 2천 원은 별도다. 주차료는 1대당 4천 원이다. 성수기인 7~8월에는 인터넷(www.chiak.knps.or.kr) 예약을 받는다. 비수기에는 선착순 입장. 보통 토요일 아침 일찍 자리가 다 찬다. 12월 중순까지 산불예방기간 동안 국립공원 등산이 제한되지만 구룡지구와 성남~금대지구의 등산은 가능하다. 033.732.4635

인
천

눈 내 린 바 닷 가 에 서 서

오
토
캠
핑
장

가
족

왕
산

비행기가 뜨고 내리는 인천 영종도에 그림
같은 해수욕장이 있다. 백사장과 낙조가 아
름다운 왕산해수욕장이 새하얀 눈을 머금
고 캠핑객을 힐링으로 인도한다.

팔 다리를 대(大)자로 펼친다. 서걱서걱 소리가 나는 눈 위에 그대로 누워본다. 눈은 마치 솜이불마냥 푹신하게 자리를 낸다. 나풀나풀 토끼털 같은 새하얀 눈 위로 그림 같은 집을 짓고픈 어릴 적 꿈. 스노캠핑은 눈에 얽힌 동심과 맞닿아 있다. 눈을 지치고 튼튼한 집을 지어 동화 같은 하룻밤을 보내는 스노캠핑의 계절이 찾아왔다. 인천 영종도 서쪽에 위치한 왕산가족오토캠핑장으로 스노캠핑을 떠났다.

공항 가는 길, 비행기가 보이는 캠핑장

인천공항으로 향하는 길. 겨울의 정점에 선 고속도로는 시퍼런 한파를 안고 있다. 공항을 지나 영종도 서쪽 옛 용유도로 내달린다. 영종도와 용유도는 공항부지로 매립되기 전 인천에서 배를 타고 가야 하는 섬이었다. 용유도 서쪽에 자리한 왕산해수욕장은 깨끗한 백사장과 아름다운 낙조로 유명했던 곳이다. 그러나 요즘 왕산해수욕장까지 가는 길은 심심하기 그지없다. 인천국제공항을 지나면 북쪽 방조제는 모두 철조망이 드리웠다. 2001년 군부대가 들어서면서 해수욕장 들머리 참나무와 소나무를 베어내고 철조망을 설치했기 때문이다.

살얼음판 도로를 지나 왕산해수욕장으로 들어서니 식당이 즐비하다. 바닷가가 보이는 명당은 죄다 식당 차지다. 왕산가족오토캠핑장은 식당가를 지나 군부대 쪽으로 들어와야 보인다. 새하얀 눈밭에 캐러밴 40여 대가 그림 같이 서 있다. 주말을 맞아 형형색색 텐트 30여 동도 눈 위에 보금자리를 마련했다.

1

2

3

1 ——————
눈 내린 바닷가를 걸어본 적이 있는가. 하얗게 부서지는 파도와 눈이 만나 낭만적인 풍경을 선사한다.

2 ——————
영종도 서쪽에 자리한 왕산해수욕장. 하얀 눈을 머금었다.

3 ——————
불을 능숙하게 피우는 황석현 군. 텔레비전에서 캠핑을 다니는 가족을 본 뒤로 부모님을 졸라 캠핑을 다니기 시작했단다. 덕분에 온가족이 주말마다 자연을 찾아 캠핑을 즐기고 있다.

설경과 캐러밴은 A, 시설과 풍경은 B

왕산가족오토캠핑장은 캐러밴 제조업체인 제스트 캠핑카에서 운영하는 사설캠핑장이다. 바다를 테마로 문을 열었다. 국산 기술로 직접 캐러밴을 제작하고 있는 제스트 캠핑카 지원규 사장을 캠핑장에서 만났다. 지 사장은 "캠핑이 좋아서 독일에 직접 가 기술연수까지 받았어요. 여러 차례 시행착오를 겪고 나서야 우리 기술로 캐러밴을 제작할 수 있게 됐죠"라고 말한다. 때마침 왕산가족오토캠핑장에는 부엉이캠프 동호회 20여 팀이 캠핑을 왔다. 한 해를 마무리하고 새해를 맞기 위해 이곳을 찾은 것이다. 리더 김형석씨는 "왕산가족오토캠핑장은 수도권과 인접해 교통이 편리해요. 또 캐러밴시설이 함께 있어 겨울철 텐트를 치기 힘든 가족도 캠핑을 즐길 수 있습니다"라고 이야기한다.

매서운 한파에 내릴 때 모습 그대로를 간직한 눈밭은 왕산가족오토캠핑장의 첫째 매력으로 꼽힌다. 조금만 걸어도 하얀 눈을 머금은 바닷가가 한적하게 펼쳐지는 것도 멋스럽다. 식당가를 벗어난 곳에 위치해 조용하고 아늑하다. 밤이 되면 서해 하늘을 수놓은 별들이 텐트 위를 한껏 장식한다. 아이들은 눈 위를 마음껏 뛰어다니며 썰매를 타고 팽이놀이를 즐긴다. 그러나 단점도 있다. 우선 캠핑장에서 바로 바다가 보이는 것이 아니다. 겨울바다를 바라보며 텐트를 치겠다는 기대는 접어야 한다. 또 비행기 이착륙 소리가 캠핑장에서 들린다. 비행기가 뜨는 모습을 볼 수 있다는 장점이 있지만 밤늦게까지 솟아오르는 비행기 소리를 감내해야 하는 단점도 있다. 24시간 온수가 나오는 샤워장은 화장실과 함께 있어 다소 불편하다. 사설캠핑장치고 A급 시설은 아니다. 그래도 캠핑장지기의 배려만큼은 A급이다. 캠핑객의 안전과 편의를 위해 지원규 사장은 주말 내내 캠핑장을 지킨다. 불편을 겪고 있는 캠핑객이 있다면 바로 와서 도와주는 캠핑장지기 덕에 겨울밤이 든든하다.

4

5

4 ——————
겨울철에는 캐러밴에서의 하룻
밤 캠핑도 괜찮다. 친척 단위로 캠
핑을 온 경우에는 캐러밴과 텐트를
모두 이용하는 경우가 많다. 어린이
와 여성 캠핑객은 캐러밴에서 지내
면 편리하다.

5 ——————
캠핑을 나오면 아이들이 가장
즐겁다. 단순한 팽이치기 놀이가 컴
퓨터 게임보다 즐거워지는 곳이 캠
핑장이다.

갑각류처럼 까칠하던 아토피 피부가 깨끗해졌어요

2년 2개월 동안 미국 월든 숲에서의 삶을 바탕으로 책『월든』을 써내며 자연예찬론을 펼쳤던 헨리 데이비드 소로우는 이렇게 말했다. '온갖 세속적인 얽힘에서 벗어나 산과 들과 숲속을 걷지 못한다면 나는 건강과 영혼을 온전하게 보존하지 못할 것 같다'고. 갑자기 왜 소로우의 이야기를 꺼내느냐고? 실제로 캠핑을 다니며 자연 속에서 몸과 마음의 건강을 되찾은 사례를 소개하기 위해서이다.

아토피로 고생을 했던 김재우군을 왕산가족오토캠핑장에서 만났다. 재우군은 "친구들이 갑각류라고 놀릴 정도로 아토피가 심했어요. 밥도 잘 못 먹을 정도로 신경이 쓰였어요"라고 말한다. 재우의 부모는 캠핑을 다니며 아토피가 나았다는 캠핑객의 말을 듣고 캠핑을 시작했다. 처음 3주는 전혀 진전이 없는 듯 보였지만 캠핑을 다닌 지 한 달이 넘으면서 재우의 피부가 깨끗해지기 시작했다. 지금은 아토피를 앓았던 흔적도 찾기 힘들다. 아토피를 치료한 힘은 어디에 있을까. "공부 이야기를 듣지 않고 뛰어놀 수 있는 게 가장 좋아요"라고 외치는 아이들의 웃음 속에서 그 답을 찾을 수 있다.

인천공항고속도로를 통과해 가면 톨게이트비가 편도 7천 원을 넘는다. 내비게이션에 '인천광역시 중구 을왕동 893-27'이라고 입력하고 국도 우선으로 지정하면 북인천IC를 경유하는 길로 안내한다. 톨게이트비가 절반에 가까운 3천6백 원이다. 조금 돌아가는 느낌이어도 공항 톨게이트비를 아끼고 싶다면 참고할 것.

캠핑장 이용료는 텐트 한 동에 2만5천 원이다. 사설캠핑장이라 저렴한 편은 아니지만 24시간 온수가 나오고 전기도 사용할 수 있다. 단 샤워장과 화장실이 붙어 있어 배수시설이 다소 불편하게 느껴진다. 개수대는 깨끗하지만 온수를 따로 퍼서 써야 하는 불편함이 있다. 캐러밴 이용료는 1박에 10만 원이다. 굳이 캠핑장에서 사용하지 않고 직접 차에 연결해서 가지고 나갈 수도 있다. 제스트 캠핑카에서 직접 제작한 캐러밴은 깨끗하고 관리 상태가 양호하다. 왕산가족오토캠핑장은 전체적으로 볼 때 그늘이 부족하다. 눈이 내려 사이트 전체가 새하얀 겨울에는 풍경이 좋지만 여름에는 다소 심심한 풍경이 될 수도 있다. 밤늦게까지 들리는 비행기 소음소리도 감내해야 한다. 비행기가 뜨고 내리는 모습을 볼 수 있는 점은 매력적이다.

제주

바 람 이 쉬 어 가 는 곳

야 모
영 구
장 리

오름에서 제주를 내려다보는 맛은 색다르
다. 모구리오름에서는 텐트를 치고 제주의
자연을 한껏 느낄 수 있다.

제주 등산 고수는 '오름'에 오른다는 말이 있다. 올레를 걷고 오름을 밟는 제주 여행객이 크게 늘었기 때문이다. 오름은 한라산에 딸린 기생화산을 일컫는 말이다. 백록담을 중심으로 제주에는 386개의 오름이 있다. 특히 한라산 동쪽에는 봉긋하고 아름다운 오름이 많이 모여 있는데, 그중 성산읍의 모구리오름 자락에는 야영장이 있다. 풍광과 시설이 좋아 한겨울에도 수십 명의 캠퍼가 모구리야영장을 찾는다.

어미개가 새끼를 껴안듯 둥그런 오름자락

마치 숨 쉬는 땅처럼 제주의 곳곳이 울룩불룩 솟았다. 모구리오름에 올라 주변을 살피자 평지 사이로 크고 작은 언덕이 몽글거린다. 용암이 꿈틀댔던 땅임을 증명하듯 모구리오름 주변으로 유건에오름, 나시리오름, 본지오름, 동오름 등 기생화산이 포진했다.

해발 232m 높이의 모구리오름은 분화구가 북쪽으로 휘어 있는 모양이다. 경사면 안쪽에 작은 언덕(모구리알오름)이 있어 하늘에서 보면 어미개가 새끼를 안은 것처럼 보인다. 그래서 모구악(母狗岳), '모구리'라 불린다. 모구리야영장은 오름의 서쪽자락에 위치했다. 2003년 남제주군에서 16만m² 부지에 조성한 야영장은 초원을 테마로 구성됐다. 야영장 앞쪽으로는 크고 작은 오름이, 뒤쪽으로는 풍력발전 시설이 자리해 이국적인 풍경을 선사한다.

1
모구리야영장의 영지는 크게 4곳으로 나뉜다. 가족 영지, 한라산 영지, 일출봉 영지, 산방산 영지인데 자유롭게 잔디 위 공간에 텐트를 치면 된다.

2
모구리야영장의 모든 전기는 재생에너지를 사용한다. 주차장 앞에 대형 태양열집열판이 있다.

바람·돌·초원이 어우러진 제주의 힐링야영장

모구리야영장은 제주의 바람이 쉬어가는 곳일까? 모구리오름에 다가서자 거센 바람이 첫인사를 건넨다. 모구리오름 주변으로 거대한 풍력발전기 날개가 빠르게 회전한다. 하늘을 휘휘 돌아 오름 중턱에 내려앉은 바람 때문에 텐트는 하루 종일 펄럭인다. 심술궂은 바람에도 아랑곳하지 않고 수십 동의 텐트가 모구리야영장에 보금자리를 마련했다.

모구리야영장은 총 4개 영지로 구성됐다. 가족 영지, 한라산 영지, 일출봉 영지, 산방산 영지다. 야영을 할 수 있는 부지가 3만 평 정도 되다보니 사이트 구성은 자유롭다. 잔디 위에 자유롭게 텐트를 치면 된다. 일일 수용인원이 580명에 이르다보니 따로 예약을 받지 않는다. 재생에너지를 활용하는 야영장에서는 24시간 전기를 사용할 수 있다. 취사장, 화장실, 샤워실 등 시설도 깨끗하다. 대피소 인근에서는 무선인터넷을 사용할 수 있다. 제주의 다른 야영장과 달리 모구리야영장은 한겨울에도 문을 연다. 며칠 이상 장기 캠핑을 하는 텐트도 종종 보인다.

모구리야영장의 단점은 '바람'이다. 바람을 피하려면 위쪽 영지보다는 아래쪽을 택하는 것이 좋다. 바람에 팩이 뽑히는 것을 방지하기 위해 텐트 가장자리나 팩 위에 돌을 올려놓은 캠퍼도 많다. 제주의 '바람'을 제주의 '돌'로 막는 셈이다. 윈드스크린(바람막이)을 설치한 캠퍼도 꽤 된다. 초원처럼 펼쳐진 잔디는 한겨울에도 푸른빛을 뽐낸다. 잔디를 보호하기 위해 캠핑장비를 내려놓고 난 뒤 차량은 주차장에 주차해야 한다.

3

4

5

3 ─────
모구리야영장에 텐트를 치고 여유롭게 주변을 둘러보는 캠퍼도 많다. 그래서 낮에는 대부분의 텐트가 비어 있다. 성산일출봉을 비롯해 신양해수욕장, 섭지코지, 성읍민속마을, 일출랜드 등 모구리오름 주변에 관광지가 많다.

4 ─────
모구리야영장에 설치한 텐트 가장자리에는 대부분 돌이 있다. 팩을 고정하기 위해 돌을 이용한 것. 그래도 거센 바람에 텐트는 연신 펄럭인다.

5 ─────
이국적 풍경. 거센 바람 덕에 고생해도 풍경만큼은 멋지다. 야영지 배경이 되는 풍력발전소 모습이 제주의 하늘과 어우러진다.

제주 동쪽 해안을 따라 관광지 포진

모구리야영장에는 축구·농구·배구·족구를 즐길 수 있는 운동시설을 비롯해 인라인스케이트장, 서바이벌 게임장, 놀이마당, 캠프파이어장, 오름 산책로, 취사장, 극기훈련장, 인공 암벽 등 다양한 시설이 있다. 모구리오름으로 이어지는 산책로는 약 40분 정도 완만한 경사가 이어진다. 모구리야영장을 기점으로 오름 산행에 나서는 캠퍼도 많다.

　　　　모구리오름에서 동쪽으로 나가면 해안을 따라 성산 일출봉, 섭지코지, 신양해수욕장 등을 만난다. 야영장 주변에는 일출랜드, 성읍민속마을, 제주 민속촌, 허브랜드, 김녕미로공원 등 서귀포의 아름다움을 느낄 수 있는 곳이 많다. 이번 휴가에는 모구리오름에 텐트를 내려놓고 서귀포의 자연에 빠져보는 건 어떨까?

서귀포 방면 성읍-수산간 지방도 1119호선을 따라가다보면 '모구리야영장'과 모구리오름이 보인다. 내비게이션에는 '제주 서귀포시 성산읍 난산리 2960-1'을 입력하면 된다. 제주시에서 시외버스로 올 경우 성읍1리에서 내려 도보로 2.7km가량(30분 소요)을 와야 한다.

모구리야영장은 총 4개 영지로 구성된다. 가족 영지, 한라산 영지, 일출봉 영지, 산방산 영지다. 영지가 나뉘어 있지만 사이트 구획은 따로 없다. 3만 평 부지에 자유롭게 텐트를 치면 된다. 일일 수용인원은 580명. 예약은 따로 받지 않는다. 24시간 전기 사용 가능. 재생에너지를 사용하기 때문에 추가 비용을 내지 않아도 된다. 취사장, 화장실, 샤워실 등의 시설은 깨끗한 편. 대피소 인근에서는 무선인터넷을 사용할 수 있다. 바람이 많이 불기 때문에 텐트를 설치하기 전에 바람이 덜 부는 곳을 찾는 것이 좋다. 팩이나 텐트 가장자리를 돌로 고정시켜 놓는 것도 한 방법. 모구리야영장은 한겨울에도 문을 연다. 요금은 1박에 성인 1명 2천4백 원. 모구리야영장 http://moguri.sgpyouth.or.kr, 064.760.3408

지리산

달궁

넓 고 깊 은 어 머 니 산 에 놀 다

자동차야영장

산과 산이 끊임없이 이어지는 지리산 종주
는 누구나 한 번쯤 해보고 싶은 도전이다.
그 산에 머무는 것 또한 캠핑객의 꿈이다.

지리산의 자랑은 높이에 있지 않고 깊이에 있다. 깊은 만큼 넓기도
하다. 전남·북, 경남 등 3개 도, 5개 시·군, 15개면에 걸쳐 있다. 그
래서 삼남 땅을 감싸는 큰 지붕이라 부르기도 한다. 걷고 또 걸어도
매일 다른 산을 만나는 곳. 언제나 머물고 싶은 지리산에 여장을 풀
고 힐링을 꿈꾸어본다.

산이 산을 낳은 어미산

지리산은 80개의 크고 작은 봉우리가 쉴 새 없이 이어진다. 마치 어미가 아이를 낳듯 산은 계곡과 고개를 키웠다. 꽃봉오리 같은 산봉우리들과 꽃받침 같은 골짜기들이 백두산으로부터 흘러내려와 솟구쳤기 때문에 '두류산'(頭流山)이라고도 부른다. 징검다리처럼 봉우리를 옮겨 다니는 등산로는 지리산밖에 없다. 그래서 지리산 종주 산행은 등산객에게는 성지순례와도 같다.

지리산 산행 코스는 20여 개에 달한다. 경남 진주·하동·함양의 동부권, 전남 구례의 서부권, 전북 남원의 북부권 등 3개 권역으로 구분되는데, 지리산국립공원에서 운영하는 야영장만 모두 8곳에 이른다. 경남 산청군의 내원야영장·소막골야영장·중산리야영장, 경남 함양군의 백무동야영장, 전북 남원시의 덕동야영장·달궁야영장·뱀사골야영장, 전남 구례군의 황전야영장 등이다. 그중 달궁야영장에 텐트를 펼쳤다.

1 ————
  달궁캠핑장은 나무그늘이 풍성
하다. 타프를 치지 않고도 그늘을
즐길 수 있다.

옛 궁궐터가 현대식 야영장으로

달궁야영장은 지리산국립공원이 관리하는 야영장 중 대표적인 곳으로 꼽힌다. 모두 400동 정도 텐트를 수용할 수 있어 규모 면에서도 으뜸이다. 원래 '달궁'은 지금으로부터 2000여 년 전 삼한의 하나인 마한의 효왕(6대 30년)이 진한의 침략을 받고 피난해 살던 곳이다. 그 당시 궁궐 이름을 달에 있는 궁으로 높여 불러 '달궁'이라 했다. 지금도 야영장 인근에 궁궐터 흔적이 남아 있다.

야영지는 집회장을 사이에 두고 양 날개로 구성된다. 매점 쪽으로는 전기를 쓸 수 있는 사이트가 20곳 정도 된다. 다른 곳에서 전기를 쓰면 과태료를 물 수도 있기 때문에 주의해야 한다. 자동차를 바로 옆에 주차하고 텐트를 칠 수 있는 사이트도 있지만 텐트만 칠 수 있는 사이트도 있다. 캠핑장 옆 도로로 낮에는 차가 꽤 다니기 때문에 되도록 안쪽에 텐트를 치는 것이 좋다.

2

3

4

2
　　요즘 비를 맞지 않는 캠핑은 상
상할 수 없다. 흐리거나 비가 오는
날이 대부분이다. 비가 꽤 내리더라
도 바람이 불지 않으면 캠핑을 즐길
수 있다. 그러나 폭풍주의보 등 '바
람'이 분다면 빨리 텐트를 철수해야
한다.

3
　　달궁 유적지에서 새 한 마리가
카메라 셔터 소리에 놀라 황급히 날
갯짓을 하며 날아가고 있다.

4
　　달궁계곡. 캠핑장에서 찻길 건
너편에 계곡이 흐르고 있다.

계곡 따라 길 따라 지리산 여행

달궁야영장은 예약이 되지 않는다. 선착순 입장이기에 성수기에는 자리를 잡지 못할 때가 많다. 달궁야영장에서 찻길 건너에도 일반야영장 시설이 마련돼 있다. 자동차를 주차장에 세워두고 텐트만 가지고 들어갈 수 있다. 달궁에서 약 2km 떨어진 곳에는 덕동야영장이 문을 열었다. 달궁은 찻길 건너에 계곡이 있지만 덕동야영장은 바로 옆에 계곡이 지난다. 규모는 더 작지만 달궁과 형제의 느낌이 나는 야영장이다.

야영장 옆 길을 따라서는 드라이브 코스로도 유명하다. 달궁에서 성삼재와 정령치 등으로 드라이브를 가는 것도 좋다. 노고단까지의 산행도 추천한다. 노고단에서 내려가는 하산길에는 천년고찰 화엄사가 있다. 또 지리산 둘레길 3코스가 지척이라 걸어볼 만하다. 계곡 따라 길 따라 지리산 여행이 캠핑의 맛을 더한다.

🚚 88올림픽고속도로를 경유해 지리산IC로 나와 천왕봉로를 지나 달궁야영장에 다다른다. 또는 남원에서 19번 국도를 타고 오는 방법도 있다. 단 구례 방면에서 올 때 861번 지방도로를 타고 천은사 방면으로 오는 길은 피할 것. 천은사 측에서 도로를 막아놓고 돈을 받는다. 입장료가 아닌 문화재 보호 명목으로 받는다. 천은사를 가지 않는 사람에게도 막무가내로 돈을 받으니 이 길만 피하면 된다. 내비게이션에는 '전라북도 남원시 산내면 덕동리 294'를 치면 된다.

⛰ 텐트는 400동 정도 칠 수 있다. 예약을 따로 받지 않으니 좋은 자리를 먼저 잡으려면 일찍 가야 한다. 전기는 매점 인근 20동만 사용할 수 있다. 매점은 7~8월 성수기에만 운영. 꽤 넓은 사이트도 있으나 작은 텐트 한 개만 칠 수 있는 사이트도 있다. 보통 도로와 멀리 떨어져 있는 사이트가 베스트로 꼽힌다. 9~10번 야영지가 그늘도 많다. 개수대는 총 5곳. 화장실은 4곳. 비교적 깨끗한 편이다. 주차료는 성수기 기준 당일 4천 원, 1박 8천 원이다. 일반 야영장 이용료는 텐트 크기에 따라 3천~6천 원, 오토캠핑장은 9천 원이다. 오토캠핑장은 주차료 면제다.

진안

찌 든 일 상 을 씻 는 숲

야영장 자연휴양림 운장산

전북 진안 갈거계곡의 운장산자연휴양림은 오지캠핑을 할 수 있는 적소이다. 울창한 산림과 청정한 계곡에서 일상에 찌든 몸과 마음이 절로 회복된다.

"이곳은 밤이면 한겨울처럼 추워져요. 해발 500m 높이에 야영장이 있으니까 단단히 채비를 해야 합니다." 산들바람이 불어오는 산자락에서 운장산자연휴양림 조화용씨가 당부의 말을 건넨다. 여름 성수기를 비껴간 휴양림은 고즈넉하다. 계곡 물소리와 산새 지저귐이 골짜기 깊숙이 울려 퍼진다. 눈을 들면 기암괴석이 하늘을 호령하듯 산줄기를 움켜쥐었다. 전라북도에서도 오지로 꼽히는 진안 운장산으로 가을 야영을 떠난다.

'전북의 지붕' 운장산을 가다

운장산은 전라북도 진안군 주천면·정천면·부귀면과 완주군 동상면에 걸쳐 있다. 해발 1126m의 위엄이 산줄기를 따라 사방으로 퍼져 있다. 운장산(雲藏山)이라는 이름은 드높은 산에 언제든 구름이 감돈다는 뜻으로 붙여졌다. 조선조 성리학자 운장 송익필(1534~1599)이 은거했던 오성대가 있어 현재는 운장산(雲長山)으로 고쳐 부르고 있다.

운장산은 골짜기가 많은 게 특징이다. 운장산휴양림(정천면 갈룡리 갈거마을에서 복두봉으로 오르는 길), 쇠막골(정천 봉학리 가리점에서 깔그막재로 오르는 길), 늑막골(주천면 대불리 학선동에서 복두봉에 이르는 길) 등은 비경을 자랑한다. 억새풀과 산죽밭, 기암괴석이 어우러진 풍경 덕에 가을철 등산객에게 인기가 많다. 운장산은 동봉과 중봉, 서봉 등 모두 9개의 봉우리가 쭉 이어져 있는데, 그중 운장산자연휴양림은 약 7km에 달하는 갈거계곡을 끼고 있다. 휴양림은 트레킹 코스가 잘 조성돼 있어 숲속 산책을 즐기기 그만이다.

1

2

1

운장산휴양림 내 갈거계곡은
7km에 걸쳐 비경을 품고 있다. 산
림문화휴양관 못 미쳐 만나는 마당
바위는 어른 10여 명이 누워도 넉
넉한 규모다.

2

갈거계곡을 따라 산책을 나섰
다가 소금쟁이 한 쌍을 만났다.

오지 계곡과 청정 골짜기를 음미하다

야영을 시작하기 전 계곡을 따라 먼저 숲속을 음미한다. 누가 그랬던가. 걷기는 세계를 느끼는 관능에로의 초대라고. 갈거계곡을 따라 걷는 길은 자연이라는 극장에 발을 디딘 듯 청정하다. 수십여 년 전만 해도 화전민이 모여 살았을 만큼 오지였던 갈거의 풍광이 그대로 남아 있다. 계곡을 따라 제방바위, 이끼폭포, 마당바위, 학의소 등 비경이 차례로 나타난다.

휴양림의 산책로와 등산 코스는 다양하다. 가벼운 트레킹은 갈거계곡을 따라 이어지는 산책로가 좋다. 관리사무소 맞은편에서 출발해 숲속 수련장까지 2km 정도. 천천히 걸어도 1시간이면 충분하다. 적당히 땀이 밸 정도의 등산을 원한다면 산림문화휴양관에서 관리사무소로 이어지는 '질재봉 완주 코스'를 추천한다. 2.5km에 이르는 가벼운 등산 코스다. 복두봉(1017m) 정상에 오르고 싶다면 휴양림 위로 난 임도를 따라 6km를 올라가면 된다. 계곡과 조금 떨어져서 난 임도는 걷기 편하지만 풍광은 덜하다. 정상 직전 600m가량만 산속 오솔길을 걷는 코스라 등산객에게 인기가 많지는 않다. 등산에 중점을 둔다면 복두봉(1017m)을 거쳐 두봉산(1002m)이나 운장산(1125.9m)으로 넘어가는 코스까지 도전해볼 만하다.

3

4 5

3 ————
야영장 모습. 너른 데크 20개가 설치돼 있다. 오토캠핑장이 아니기 때문에 야영장 옆 주차장에 차를 세우고 텐트 등 장비를 옮겨야 한다.

4 ————
데크 위에 텐트 고정 장치가 있다. 땅에 바로 팩을 박지 않아도 되는 점은 편하다.

5 ————
야영장에 도토리가 떨어졌다. 알밤이 생기는 즈음 도토리도 영글어 간다. 가을이 성큼 다가왔다.

오지캠핑 맛이 그대로……

운장산휴양림은 갈거계곡을 따라 길게 늘어섰다. 경관을 훼손하지 않고 자연을 있는 그대로 최대한 살리기 위함이다. 숲속의 집, 수련장, 수양관 등 다양한 휴양림시설 중 야영장은 맨 위쪽에 자리했다. 계곡을 바로 옆에 끼고 있어 '오지캠핑'의 맛이 그대로 살아난다. 전기를 사용할 수 없으니 자연스레 아날로그 캠핑을 하게 된다.

운장산휴양림야영장은 오토캠핑장이 아니어서 차를 텐트 옆에 주차할 수 없다. 하지만 주차장과 야영장의 거리가 50m 정도에 불과해 장비를 나르는 데 크게 어렵지 않다. 과거 데크와 땅에서 모두 야영을 할 수 있었는데 인터넷 예약제로 바뀌면서 데크 위에서만 야영을 허가하고 있다. 가로x세로 3.7m²의 너른 데크여서 비교적 큰 텐트까지 칠 수 있다. 산속 깊숙이 야영장이 위치해 9월에도 밤에는 한겨울처럼 추워진다. 화로를 사용하는 것이 금지돼 있어 보온성이 좋은 침낭을 준비해야 한다. 야영장 주변에는 활엽수가 밀림처럼 들어차 있다. 가을이 깊어지면 텐트 위로 온통 오색단풍의 향연이 펼쳐진다.

🚐 고속도로를 타고 소양IC에서 나와 용담댐 주천 방면으로 향한다. 정주천로에서 정천면 갈룡리 갈거마을 쪽으로 오면 휴양림 표지판이 보인다. 내비게이션에는 '전라북도 진안군 정천면 갈용리 산183번지'를 입력한다.

⛺ 야영장 이용이 인터넷 예약제로 바뀌면서 야영데크가 20개로 줄었다. 데크는 가로×세로 3.7㎡로 비교적 큰 텐트를 칠 수 있다. 야영장과 주차장의 거리는 약 50m 정도. 캠핑장비를 나르는 데 큰 무리는 없다. 전기를 사용할 수 없으니 유의할 것. 최근에는 화로대 사용도 금지했다. 수세식 화장실과 개수대가 잘 갖춰져 있다. 휴양림으로 내려가면 온수가 나오는 샤워실을 사용할 수 있다. 야영장 1박에 성인 1인당 2천 원, 데크 4천~1만 원이다. 입장료 1천 원과 주차료 3천 원은 별도로 내야 한다. 휴양림 내에 작은 매점이 있다. 대형마트는 약 3km 떨어져 있는 정천농협 하나로마트. 예약은 국립자연휴양림관리소 홈페이지에서만 할 수 있다. (www.huyang.go.kr, 063.432.1193) 산불주의로 인한 통제기간은 봄철 2월 1일~5월 15일, 가을철에는 11월 1일~12월 15일까지다. 겨울철에는 야영을 허가하지 않는다.

✚✚ 주변 볼거리로는 마이산과 운일암반일암이 있다. 용담호를 끼고 도는 호반도로는 진안 제1의 드라이브 코스다. 호반도로가 시작되는 곳에 자리한 용담댐물문화관도 볼거리가 다양하다. 진안은 토종흑돼지를 이용한 음식과 다슬기탕, 쏘가리 요리 등이 유명하다.

04

Healing
Camping

청
원

달 천 아 홉 비 경 을 끼 고

야 자 옥
영 연 화
장 휴
    양
    림

충북 청원군 미원면을 흐르는 달천. 그 인근
의 지명은 '옥화(玉花)'이다. 곱디고운 땅에
그윽한 숲내음의 '힐링'이 퍼지는 곳, 옥화
자연휴양림을 찾았다.

구슬 옥(玉), 꽃 화(花). 발그레 볼을 붉힐 듯한 소녀의 이름이 땅에 붙었다. 얼마나 곱기에 땅은 이런 지명을 가진 걸까. 충북 청원군 미원면을 적시는 달천 주변은 '옥화'로 통한다. 물길은 9곳의 비경을 품었다. 옥화9경이 둘러싼 곳에 휴양림이 있다. 90년 수령의 나무가 늘씬한 기품을 뿜어낸다. 숲의 보드라운 숨결 속에 하룻밤을 청한다.

살구재를 따라 쉬엄쉬엄 걷는 길, 옥화자연휴양림

"옛날에는 살구재로 불렸어요. 살구나무가 많았다고. 장꾼들이 보은장으로 가기 위해 넘어 다니던 고개죠." 8년간 휴양림의 산지기였던 박흥서씨가 휴양림을 소개한다. 옥화자연휴양림은 보은·괴산·증평을 가로지르는 미원천과 달천이 만나는 지점에 있다. 1920년대 나무 종자 개발을 위해 숲이 조성됐다. 이제는 살구나무 대신 잣나무, 편백나무, 헛개나무 등 다양한 수목이 숲을 채운다.

1999년 조성된 휴양림은 임도를 따라 걷는 길이 일품이다. 관리사무소를 중심으로 오른쪽은 작은치골, 왼쪽은 큰치골로 불렸는데, 오른쪽 길을 걸어 올라가면 옛 이름처럼 작은 산책로를 만난다. 지압을 할 수 있는 맨발숲길과 세족시설이 마련됐다. 산책로 주변에는 통나무집 13동이 들어섰다. 임도를 따라 더 올라가면 숲속의 야외수영장이 나온다. 한여름 더위를 식히기에 더할 나위 없이 좋다.

관리사무소에서 왼쪽 길로 들어서면 산림욕장이다. 늘씬한 잣나무가 하늘을 가리고 보드라운 흙길은 걷는 맛을 북돋운다. 외곽 순환 임도를 따라 2시간 30분 정도 걸어 오르면 다시 작은치골로 이어진다. 때로 가파른 길이 나오지만 전체적으로는 편안하게 산책하듯 걷는 코스다. 숲속 야생화와 풀벌레를 감상하는 동안 자연스레 자연과 대화하게 된다.

1

2

3

1 ───────
　　휴양림으로 들어서는 길목의 달
천. 물이 하늘의 해를 삼켰다. 달천
은 좌구산(657m)에서 발원해 충북
미원면 옥화리·운암리·월용리·금
관리·어암리·계원리 등을 흐른다.

2 ───────
　　옥화자연휴양림의 나무는 늘씬
하다. 곧게 뻗은 나무가 시원한 그
늘을 만든다. 1920년대 조성된 잣
나무숲을 중심으로 다양한 수목이
산을 채운다.

3 ───────
　　휴양림 산책로 풍경. 달천 상류
가 산 위로 이어진다. 곧게 뻗은 나
무가 피톤치드를 발산한다.

숲속에 흩날리는 반딧불, 옥화 야영의 멋

옥화자연휴양림 입구에는 야영장이 조성됐다. 입구 바로 앞의 솔숲 야영지와 아래쪽의 공터야영지 2곳으로 나뉜다. 솔숲야영지는 차를 주차한 뒤 텐트를 따로 날라야 하기 때문에 오토캠핑장으로 분류할 수 없다. 솔밭야영지는 나무그늘이 시원하게 드리운 것이 장점이다. 데크는 3x3m 크기로 10여 개가 설치됐다. 단 데크 사이 간격이 좁아 옆 텐트와 붙어 있어야 하는 점이 불편하다.

공터야영지에서는 차를 데크 바로 옆에 주차할 수 있다. 바로 옆에 샤워실이 있어 사용하기 편리하다. 단 솔숲에 비해 그늘이 부족해 타프를 따로 설치해야 한다. 샤워실, 화장실, 개수대 등 시설은 깨끗하다.

옥화자연휴양림의 나무에는 일절 약을 치지 않는다. 청정한 숲에는 반딧불이 찾아오는 법. 캄캄한 숲속에서 흩날리는 반딧불을 보는 것도 야영의 큰 재미다. 휴양림에서는 야영객과 통나무집 이용객을 위해 매주 수요일과 토요일 저녁 8시 산지기가 안내하는 야간 숲체험 프로그램을 운영한다. 승마체험도 인기 프로그램이다.

5

4

6

4 ———————
삼림욕을 즐기러 온 나들이객이
데크 위에서 휴식을 취하고 있다.

5 ———————
솔밭 야영지 아래쪽에 조성된
야영지는 나무그늘이 부족하지만
데크와 데크 사이가 넓다. 바로 옆
에 샤워실이 있다.

6 ———————
옥화자연휴양림에서는 승마체
험과 야간 숲체험 프로그램이 열린
다. 산지기가 돌보는 말이 자유롭게
풀을 뜯고 있다.

달천 따라 옥화9경 나들이

휴양림에 왔다면 시간을 내 옥화9경을 둘러보는 것도 좋다. 휴양림에서 나와 달천을 따라 가다보면 옥화리·운암리·월용리·금관리·어암리·계원리 주변으로 9곳의 경승지가 펼쳐진다. 차를 몰고 쉬엄쉬엄 볼 수 있는 곳도 있지만 산속에 있어 발품을 팔아야 하는 곳도 있으니 시간 계획을 잘 세워야 한다.

1경인 청석굴은 구석기시대 찍개가 발견된 자연동굴이다. 성인 키 4~5배 높이인 동굴 속은 한 여름에도 시원한 바람이 불어온다. 2경 용소는 맑고 깊은 물로 기우제를 지냈던 곳이다. 표지판이 있지만 찾기는 쉽지 않다. 달천과 기암절벽의 조화가 아름다운 천경대, 들판에 옥이 떨어진 듯한 옥화대, 절벽과 모래사장을 갖춘 금봉, 굴참나무숲이 우거진 금관숲, 높이 10m 절벽 가마소뿔 등 3~7경은 드라이브를 하면서 둘러볼 수 있다. 8경 신선봉과 9경 박대소는 도로와 떨어져 있어 발품을 팔아야 한다.

고속도로 문의IC에서 나와 문의 교차로에서 청주 방면으로 들어선다. 고은 삼거리에서 보은 쪽으로 오다보면 운암옥화길이 보인다. 옥화자연휴양림 표지판을 따라 달천을 건너 외길로 들어서면 휴양림이 보인다. 내비게이션에는 '충청북도 청원군 미원면 운암리 38-1'을 입력하면 된다.

휴양림 입구 바로 앞의 솔숲 야영지는 차를 따로 주차하고 장비를 날라야 한다. 데크는 3×3m 크기로 10여 개가 설치돼 있다. 단 데크 사이 간격이 좁아 옆 텐트와 붙어 있어야 하는 점이 불편하다. 나무그늘이 있어 타프를 칠 필요가 없다. 아래쪽의 공터야영지는 그늘이 부족한 대신 데크 사이 간격이 넓어 텐트 옆에 차를 주차시킬 수 있다. 샤워실, 화장실, 개수대 등 시설은 깨끗하지만 온수와 전기를 사용할 수 없다. 겨울철에는 야영장을 운영하지 않으니 홈페이지에서 운영기간을 참고할 것. 야영장은 예약이 되지 않고 선착순 입장이다. 데크 20동을 비롯해 총 40동까지 텐트를 설치할 수 있다. 이용료는 휴양림 입장료 1인당 1천 원, 야영료 텐트 1동당 7천~9천 원이다. 여름에는 휴양림 내 야외수영장이 있어 물놀이를 즐기기 좋다. http://okhwa.cbhuyang.go.kr, 043.297.3424

춘천

가 을 섬 이 차 리 는 캠 핑 별 미

중도

오토캠핑장

춘천 중도는 의암호에 떠 있는 섬이다. 1989년부터 형성된 중도야영장은 호수의 매력을 만끽할 수 있는 곳이다. 최근 오토캠핑 붐이 일면서 섬캠핑의 메카로 자리매김했다.

"일단 갇히는 게 시작이죠." 섬 여행객이 말했다. 갇힌다는 악조건이
여행에서는 최상의 조건이 될 수 있다는 뜻이다. 춘천 중도는 섬에
갇히는 유쾌함을 만끽할 수 있는 곳이다. 의암호에 포근히 안겨 있
는 중도는 섬 밖에서 보는 것만큼 섬 안 풍경도 황홀하다. 배를 타고
들어가 '갇히는 것'으로부터 시작하는 캠핑. 가을이 무르익은 중도
캠핑장은 색다른 별미를 차례대로 내놓는 밥상처럼 맛깔스럽다.

배 타고 섬캠핑, 그것만으로도 설레지요

호반 도시 춘천으로 향한다. 북한강에 생긴 크고 작은 댐으로 도시
는 온통 호수길이 이어진다. 푸른 호수와 파란 하늘이 만나는 길 위
에 의암호가 있다. 1967년 준공된 의암댐이 만든 약 16만 평의 호
수다. 호수의 가운데에는 두 척의 나룻배처럼 상중도와 하중도가 떠
있다. 다리로 연결된 상중도와 달리 하중도는 뱃길로만 들어갈 수
있다. 1980년대 관광단지로 개발되기 시작하면서 하중도는 중도관
광리조트가 됐다.

중도에 야영장이 들어선 것은 1989년이다. 오토캠핑이 유
행하면서 차를 배에 싣고 섬으로 들어가는 야영객이 늘어나기 시작
했다. 2009년 캠핑전자예약시스템이 도입되고 난 뒤 중도캠핑장은
그야말로 '주말 예약이 하늘의 별따기만큼이나 어려운' 캠핑장이 됐
다. 150동으로 제한돼 있는 인터넷 예약은 사이트가 다운될 정도의
경쟁을 불러일으킨다. 중도관광리조트 사무소에 매일 200여 통의
문의전화가 올 정도다. 가족과 함께 캠핑장을 찾은 홍성진씨는 "섬
으로 야영을 떠난다는 것은 오는 과정부터 설레는 여정이에요. 캠핑
장비를 차에 싣고, 다시 배를 타고 섬에 들어오면 일상에서 완전히
빠져나온 느낌이 드니까요. 그래서 중도에 한번 캠핑을 오면 다시
찾게 됩니다"라고 말한다.

1

2

3

1 ——————
　중도는 자전거 도로가 잘 정비
돼 있다. 굳이 캠핑을 하지 않아도
하루 정도 나들이 하기에 안성맞춤
이다.

2 ——————
　색이 곱다. 가을이 오는가 싶더
니 이내 겨울이 찾아왔다. 그래도
단풍은 가을이 왔었음을 고운 색으
로 알려주고 있다.

3 ——————
　중도에서 호수변을 바라보고 앉
으면 의암호 건너 춘천시가 보인다.
지척이지만 멀리 떨어져 있는 느낌
이다. 도시에서 벗어나 멀리서 내
자신을 돌아보며 힐링을 만끽한다.

호수에 핀 섬, 아침 안개에서 저녁노을까지

중도는 1982년까지만 하더라도 82가구가 농사를 지으며 살던 땅이었다. 리조트로 개발되면서 현재는 7가구가 남은 관광 섬이 됐다. 캠핑장은 섬 남쪽에 정비된 관광지 속에 있다. 차를 싣고 섬에 들어가려면 근화동 마을 배를 타야 한다. 중도관광리조트에서 운영하는 배에는 사람만 오를 수 있기 때문이다. 근화동 선착장에서 작은 배에 아슬아슬 차를 올리면 10분이 채 안 돼 중도에 도착한다. 중도 북쪽은 선사유적지가 자리하고 있다. 밭농사를 짓는 북쪽 땅을 지나 좁은 섬 길을 따라 내려가면 깔끔하게 정비된 관광단지가 나타난다.

캠핑장은 관광단지 내 3개 야영장으로 나뉜다. 텐트를 치는 곳은 따로 구획이 나뉘지 않아 자유롭게 설치하면 된다. 너른 잔디밭 텐트 위로는 플라타너스 나무가 낙엽 비를 내린다. 섬을 빙 둘러 형성된 자전거 도로는 일반 관광객에게도 사랑받는 코스다. 잔디광장인 축구장을 비롯해 족구장, 배구장, 길거리 농구장 등 즐길 거리도 풍부하다. 그러나 캠핑객에게 중도가 선사하는 가장 큰 선물은 자연 풍광이다. 아침 안개와 눈을 떠 호수노을과 잠드는 것이 중도 캠핑이 내놓는 '힐링'이라는 이름의 메인 요리다.

4

5

6

4 ——
　　푸른 하늘과 파란 물 사이에 아
름다운 중도가 떠 있다.

5 ——
　　중도오토캠핑장. 잔디가 깔려
있고 구획이 나눠 있지 않아 자유자
재로 텐트와 타프 대형을 만들 수
있다.

6 ——
　　배에서 내려 중도오토캠핑장으
로 가는 길에 문화재 시굴조사 현장
을 볼 수 있다. 동쪽 강변에는 철기
시대 유적이 집중 분포하고 그 밑에
서는 청동기시대 유적이 확인됐으
며 서쪽 강변으로는 청동기시대 유
적이 밀집해 있는 것으로 조사됐다.

4대강 사업대상 구역에 포함된 '중도 선사유적지'

춘천 하중도에는 대규모 관광·레저단지 건설이 예정돼 있다. 더불어 4대강 사업대상 구역이기도 하다. 그런데 중도에서는 1980년대부터 청동기시대 지석묘와 삼국시대 초기의 적석총, 철기시대 수혈주거지 등 매장문화재가 있다는 연구조사가 있었다. 선착장에서 캠핑장으로 가는 길 곳곳에서 조사 현장을 볼 수 있다.

매장문화재 전문조사기관인 강원문화재연구소는 2010년 5월까지의 시굴조사 결과 3분의 2 정도에 이르는 구역에서 시대별로 다양한 문화재 잔존물을 확인했다고 밝혔다. 동쪽 강변에는 철기시대 유적이 집중 분포하고 그 밑에서는 청동기시대 유적이 확인됐으며 서쪽 강변으로는 청동기시대 유적이 밀집해 있는 것으로 조사됐다는 것이다. 중도를 찾은 캠핑객이라면 중도의 자연과 문화가 잘 보존되는지 관심을 갖게 된다. 중도 캠핑의 깊은 맛은 섬을 둘러싼 자연에서 우러나오기 때문이다. 부디 인간의 헛된 욕심 때문에 영겁의 시간이 응축된 자연이 훼손되는 일이 없어야 할 것이다.

🚐 　차를 가지고 오지 않는다면 74, 75번 버스 승차 후 공지천을 지나서 베어스호텔에서 하차, 중도관광지 선착장으로 이동하면 된다. 차로 온다면 경춘가도 46번 도로를 이용(서울~청평~가평~강촌~연신교(의암댐)~춘천)하여 춘천까지 간 뒤 중도관광지(중도야영장) 이정표를 활용하면 중도관광지(춘천시 삼천동 200번지)까지 도착할 수 있다. 중도에 차를 가져가지 않는다면 중도관광지 주차장에 주차하고 배를 타면 된다. 오토캠핑을 하기 위해 차를 가져간다면 근화동 마을 배를 타야 한다. 선착장도 다르다. 내비게이션에 '춘천시 근화동 19-2'번지를 찍으면 된다. 근화동 마을 배는 오전 7시~오후 7시까지 한 시간에 한 번 다닌다. 주말에는 오토캠핑 이용객이 많아 배를 타기 위해 기다려야 하는 경우도 있다.

⛺ 　근화동 마을 배 도선료: 1대당 2만 원 / 중도관광지 맥도관광 도선료: 성인 1인당 4천8백 원 / 중도관광지 입장료: 성인 1인당 1천3백 원(타 지역민), 800원(강원도민) / 중도관광지야영장 이용료: 3천 원(주차요금 2천 원 별도) / 전기이용료: 5천 원(사용시 지불) / 야영장 이용: 150동으로 제한 / 예약: 인터넷 예약만 가능 www.gangwondotour.com

✚✚ 　중도관광지야영장은 총 3구획으로 나뉜다. 모두 잔디가 깔려 있다. 텐트 한 사이트당 정해진 장소는 없어 좋은 자리에 텐트를 치면 된다. 타프와 텐트를 원하는 대형으로 칠 수 있는 장점이 있다. 중도관광지 내에는 취사장 3곳, 매점 3곳, 휴게소 1곳 등의 시설이 있다. 그 외 자전거(1, 2인용), 전동자전거, 배드민턴, 행사 천막, 숯불구이 기구 등을 대여할 수 있다. 샤워시설은 여름에만 사용 가능하다. 전기시설은 화장실에서 끌어 써야 한다. 그래서 텐트를 칠 때 취사장과 화장실 위치를 염두에 둬야 한다. 자연을 더 느끼고 싶다면 순환로 인근에 텐트를 친다. 전기 쓰기는 불편하지만 호수가 잘 보인다. 굳이 캠핑을 즐기지 않아도 중도에 들어가 하루 정도 산책을 즐기는 것도 괜찮다. 자전거를 타는 것도 좋다.

충주

폐교에서 웰빙체험장으로

캠핑장 참살이학교

'웰빙'의 우리말인 참살이. 캠핑장을 통해 참
살이문화를 꿈꾸는 사람들이 있다. 폐교를
이용해 웰빙체험장으로 문을 연 '참살이학
교캠핑장'을 찾았다.

학생이 없어서 문을 닫은 학교가 전국에 몇 곳이나 될까? 1982년부터 2009년까지 전국 각지에서 폐교된 학교 수는 무려 3,349개나 된다. 그중 매각된 곳이 2,056개, 임대된 곳은 830개에 이른다. 물론 방치된 곳도 463개나 된다. 임대·매각된 폐교는 다양한 시설로 활용되는데 요즘에는 오토캠핑장으로 탈바꿈하는 곳이 부쩍 늘었다. 충주 참살이학교도 폐교를 활용한 캠핑장 중 한 곳이다.

웰빙의 순우리말, 참살이

충북 충주시 앙성면 영죽리는 시내에서 한참을 들어와야 한다. 남한강을 사이에 두고 강원 원주시와 맞닿아 있다. 참살이학교캠핑장은 이름처럼 앙성초등학교 영죽분교 터에 자리를 잡았다. 1999년 폐교된 학교 부지를 윤봉기·박영진씨가 임대했다. 샤워실, 화장실, 전기시설 등을 손본 뒤 2009년 10월 15일 가족과 함께하는 캠핑장으로 문을 열었다.

참살이학교캠핑장의 차별성은 이름 속에 숨어 있다. 참살이는 '웰빙'을 순우리말로 표현한 것인데, 바른 먹을 거리와 건전한 가족놀이문화를 전하는 캠핑장을 만들겠다는 취지를 담고 있다. 마을 주요 작물인 콩을 이용해 두부 만들기, 메주 쑤기, 청국장·된장 만들기 등의 체험이 열린다. 윷놀이, 썰매타기 등 전통놀이를 비롯해 캠핑장 음악회 등 문화행사도 개최된다.

1

2

놀고 즐기는 캠핑에서 나누고 돕는 캠핑으로

참살이학교캠핑장은 특별한 체험도 준비되어 있다. 30여 명 주민이 살고 있는 영죽리 음촌에서 봉사활동을 하는 것이다. 우선 마을 요양원인 '예함의 집'에서 캠핑객과 함께하는 봉사가 이루어진다. 놀고 즐기는 캠핑을 넘어 '나누고 돕는' 참살이의 의미를 되살린다는 것이다.

참살이학교 윤봉기 교장은 "캠핑장에 와서도 아이들은 게임기를 가지고 놀고 어른들은 다른 놀이를 하는 분리된 문화가 안타깝더라고요. 부모와 자녀가 함께 즐길 수 있는 놀이문화와 함께 봉사활동을 하면 어떨까 해서요"라고 취지를 밝혔다. 교실은 팀 단위 캠핑객을 위해 행사 공간으로 개방했다. 청소년과 어린이를 위해 미술교실도 열린다.

3 4

산·들·강 아우르는 참살이학교 체험 현장

참살이학교 인근에는 즐길 거리가 넘쳐난다. 우선 학교 바로 뒤에 있는 보련산(764m)까지의 트레킹 코스가 매력적이다. 폭신한 흙길이 학교 뒷길을 따라 완만하게 펼쳐진다. 정상까지 오르다보면 발아래 앙성면과 남한강이 시원스레 펼쳐진다. 정상까지 다녀오는 데 왕복 4시간 정도 소요된다.

등산을 마치면 인근 탄산온천에서 피로를 씻을 수 있다. 캠핑장에서 차로 5분 거리인 앙성면 돈산리와 능암리 온천 단지는 수안보온천만큼 유명하다. 지하 700m 깊이의 땅속에서 용출되는 온천수는 약알칼리성 탄산수다. 특별한 탄산온천수가 근육을 풀어주고 피부를 매끄럽게 해준다는 설 덕에 충주 관광 코스로 각광 받는 곳이다.

온천을 마치고 캠핑장으로 돌아오는 강변에서는 철새가 쉼을 누리고 있다. 남한강 비내늪 철새도래지는 고니 떼가 겨울을 나기로 유명한 곳이다. 겨우내 보금자리였던 남한강변을 유유히 날아오르는 고니를 쉽게 만날 수 있다. 봄이 되면 비내늪 주변 남한강변 7km 길이 벚꽃에 젖어든다. 특별한 캠핑 행사와 더불어 앙성면의 산·들·강 자체가 '웰빙' 현장이 되는 셈이다.

중부내륙고속도로 감곡IC에서 나와 38번 국도를 타고 앙성면 방향으로 향한다. 앙성온천지구를 지나 능암온천랜드를 끼고 왼쪽으로 난 길을 따라 오면 남한강변길이 나온다. 비내늪 철새도래지를 지나 영죽리 방향 길로 접어들면 된다. '충주 앙성면 영죽리 264-4번지'를 입력하면 된다.

캠핑장은 대운동장과 2~3층의 소규모 캠핑장으로 나뉜다. 대운동장에서는 너른 공간에 자유자재로 텐트를 구성할 수 있다. 2~3층으로 구성된 소규모 공간에는 가족 단위 그룹이 아늑하게 캠핑을 즐길 수 있는 공간이다. 교실은 캠핑 본부이자 다양한 문화행사 공간으로 활용된다. 단체캠핑객이 함께 요리를 할 수 있는 대형 가마도 준비돼 있다. 24시간 온수가 나오는 샤워실과 화장실 시설도 갖췄다. 콘센트를 3개씩 나눠서 관리하기 때문에 캠핑장 전체 전기 공급이 중단되는 문제점을 해결했다. 이용료는 전기료를 포함해 텐트 1동당 1박에 2만 원, 2박에는 1만5천 원 추가.

앙성면 탄산수 온천 이용료는 5천 원~1만 원 정도. 캠핑장 인근 보련산까지의 트레킹 코스는 학교 인근을 짧게 돌아보는 코스와 산 정상까지 다녀오는 2코스로 나뉜다. 정상까지 다녀오는 데 소요 시간은 약 4시간 정도. 완만한 흙길이라 걷기 좋다.

태
안

푸른 서해안의 따스한 일몰

캠
핑
장

청
포
아
일
랜
드

청포대는 몽산포와 지척이다. 두 곳을 통틀
어 몽산포라고 통칭하지만 두 곳 캠핑장의
분위기는 사뭇 다르다.

꾸지나무골, 구멍바위, 구름포, 밭고개, 여운돌, 두여, 파도리, 백사장, 밧개, 꽃지, 샛별, 장돌, 바람아래…… 이름도 어여쁜 해수욕장이 1300리 해안을 따라 즐비하다. 서해를 향해 돌출한 태안해안국립공원은 무려 32개의 해수욕장을 거느리고 있는 해수욕장 전시장이다. 그중 캠핑장으로 이름을 떨치는 곳도 생겨났다.

몽산포에서 독립하다, 청포대오토캠핑장

몽산포와 청포대는 통틀어 몽산포로 부르기도 했다. 학암포 주민인 박승민씨는 "청포대 지명이 오래된 건 아니에요. 몽산포의 유명세에 가려 조용한 곳이었죠"라고 말한다. 청포대는 모래가 단단해 과거 자동차 경기가 열리기도 했단다. 팩을 박아 임시 거처를 마련해야 하는 캠퍼에게 '단단한 모래'는 필수 조건이다.

청포대는 '청포아일랜드'라는 이름으로 오토캠핑장을 열었다. 백석예대 석영준 교수가 청포대를 캠핑장으로 활용하자는 제안을 원청리·양잠리 주민에게 한 것이다. 청포대에서 펜션을 운영하고 있던 박승민씨가 총무를 맡아 3천 평 부지에 시설을 마련했다. 주변 몽산포와 학암포는 태안국립공원에서 운영하지만 청포아일랜드는 주민이 직접 관리 운영한다. SNS(소셜네트워크서비스)와 인터넷 홍보를 통해 5만 명 이상의 캠퍼가 청포대를 찾고 있다. '청포대 캠핑장'의 이름이 알려지면서 주민들이 직접 운영하는 마을 펜션 예약률도 높아졌다. 청포아일랜드 홈페이지에 가면 캠핑장 예약은 물론 펜션 예약도 할 수 있다. 지역과 공생하는 캠핑장이 된 셈이다.

1 ─────
청포아일랜드캠핑장 풍경. 바
닷가 사이트부터 송림까지 약 3천
평의 부지를 활용할 수 있다.

2 ─────
청포대는 푸른 포구라는 의미
를 담고 있다. 바다와 맞닿은 백사
장은 송림이 포근하게 감싸고 있다.
'푸른 해안'이다.

눈 내린 해변의 밤

청포아일랜드는 태안군 남면 원청리와 양잠리 일대 3천 평 부지를 활용한다. A~D구역은 바닷가와 인접하고 T, H, K구역은 안쪽 소나무숲에 자리했다. 여름 성수기에는 300동의 텐트를 칠 수 있지만 동계에는 C, D, H, K구역만 문을 연다. 바닷바람이 거센 A, B지역은 개방하지 않는다. 모든 사이트에 해송이 있어 그늘이 넉넉하다. 전기시설은 바닷가 구역 깊숙이 설치됐다. 그러나 겨울에는 바다와 지척인 곳에 텐트를 치기는 무리다. 해송 아래 텐트를 쳐도 눈발을 섞은 바람에 텐트가 날아가기 일쑤다. 청포아일랜드의 가장 큰 불편사항은 화장실이 부족하다는 것이다. 넓은 캠핑장에 화장실은 3곳뿐이다. 겨울에는 캠퍼가 적어 불편함이 덜하다. 청포아일랜드는 화장실과 개수대, 샤워시설을 확충할 계획이다.

　　　　겨울 바다캠핑의 낭만은 눈이 내리면 더 커진다. 하얗게 눈을 머금은 소나무 아래 아늑하게 텐트를 친다. 비수기에는 공간을 넓게 쓸 수 있어 캠핑카를 몰고 오는 캠퍼도 편안하게 캠핑을 즐길 수 있다. 바닷바람 그대로 눈발이 모래 위를 장식한다. 부족한 장비가 있거나 위험 상황에서는 캠핑장 총무에게 바로 도움을 청할 수 있다. D캠핑장 바로 앞에 있는 카페 '도브'는 총무가 직접 운영하는 곳이다.

3

4

5

3 ———
청포대 해안은 소나무에 가려
있다. 입구에서 보면 온통 해송이
다. 푸른 해안에 걸맞다.

4 ———
파도가 심해 고기잡이배가 바
다로 나가지 못했다. 배가 포구에
묶여 쉬는 시간을 갖는다.

5 ———
해가 지면 '캠핑'의 무대가 환해
진다. 어둠 속 불을 밝힌 캠핑카의
풍경이 아름답다.

겨울 바다를 거닐다

바다캠핑의 즐거움은 '먹을 거리'를 빼놓을 수 없다. 지역 항구를 찾아 신선한 해산물을 즐기는 것이 좋다. 주변 마검포는 '실치회'로 유명한 곳이다. 실치회는 태안반도의 대표적인 봄철 계절음식인데 다 자란 실치는 뱅어로 불린다. 태안 백사장 인근 횟집은 가격이 비싸다. 그보다는 수산물 어시장에서 해산물을 직접 사 캠핑 요리를 해 먹는 것이 저렴하다.

주변 안면도까지 드라이브를 다녀오는 것도 좋다. 안면대교로 연결된 '섬 아닌 섬' 안면도는 해안선과 짙은 송림에 둘러싸인 경치가 아름답다. 백사장, 삼봉, 두여, 방포 등 20여 개 해수욕장이 있다. 꽃지해수욕장 인근 할미할아비바위로 떨어지는 낙조가 유명하다.

🚎　　　　서해안고속도로를 타고 홍성IC에서 나온다. 상촌 교차로에서 남당리 방면으로 좌회전 한 뒤 23km 정도 오면 원청 사거리가 나온다. 청포대해수욕장 방면으로 들어오면 표지판이 보인다. 내비게이션에는 '충청남도 태안군 남면 양잠리 1230-56'을 입력하면 된다.

⛺　　　　청포아일랜드 캠핑 이용료는 평일 2만 원, 주말 2만5천 원, 여름 성수기는 3만 원이다. 텐트, 화로, 릴선 등을 캠핑장에서 유료로 대여해준다. 캠핑장 내 편의점이 밤 12시까지 문을 연다. 장작도 따로 판매한다. A~D구역은 바닷가와 인접하고 T, H, K구역은 안쪽 소나무숲에 자리했다. 여름 성수기에는 300동의 텐트를 칠 수 있지만 동계에는 C, D, H, K구역만 문을 연다. 주말 평균 50동 가량 겨울 캠핑을 즐긴다. 바닷바람이 거세 겨울에는 A, B지역을 개방하지 않는다. 고객 불만족시 100% 환불해주는 이벤트도 하고 있다. 홈페이지 www.cpisland.kr에서 예약할 수 있다. 070.8749.5622

태
안

파 도 소 리 에 잠 들 다

캠
핑
장

학
암
포

2007년 12월 7일 온 국민을 놀라게 한 최악의 기름 유출 사건이 발생한 충청남도 태안. 그러나 자연의 자정 작용은 놀라워서 태안을 생명의 땅으로 되살려 놓았다. 태안해안국립공원은 되살아난 태안을 알리기 위해 2010년 4월 학암포에 오토캠핑장을 열었다.

온종일 해무가 일었다. 서해안을 감싼 안개가 자동차 앞 유리에 부딪혀 사라진다. 오밀조밀한 해안선이 뽀얗게 절경을 숨긴 날, 태안을 찾았다. 충청남도 북서단에서 서해를 향해 돌출한 태안반도는 이름처럼 '크게 편안한 곳(泰安)'이었다. 해양 생태계의 보고이자 빼어난 경치를 안고 있어 1978년 13번째 국립공원으로 지정된 곳이다. 충청남도 태안군과 보령시에 속한 326km²에는 26개 해수욕장과 72개 섬이 자리잡았다.

생명이 살아나는 땅, 태안 학암포

2007년 12월 기름 유출 사고를 겪기 전까지 태안은 천혜의 피서지로 꼽혔다. 그러나 검은 기름을 걷어낸 지금 태안 지역의 대기와 토양, 해안의 유류 유해성분 노출 수준은 사고 이전으로 회복됐다. 태안해안국립공원은 침체된 지역 경제를 살리고자 태안반도 북쪽의 학암포에 오토캠핑장을 꾸렸다. 원래 야영장이 있었던 학암포에 독립된 주차 공간과 캠핑 사이트, 전기시설과 샤워장 등을 갖춰 2010년 4월 오토캠핑장으로 새롭게 문을 연 것이다.

학암포오토캠핑장은 하얀 백사장 안쪽으로 총 70개 사이트가 자리한다. 깔끔한 시설로 캠핑객에게 입소문이 나면서 주말마다 만석 행진을 이어가고 있다. 해수욕장까지는 도보로 5분. 낚시장비를 챙겨와 강태공의 여유를 즐기는 캠핑객도 많다. 캠핑장과 1km 거리에 학암포 자연관찰로가 조성돼 있다. 서해안 갯벌의 무한한 생명을 느낄 수 있도록 자연 해설 프로그램도 진행된다. 자연이 살아난 태안의 땅을 자연스레 알아가는 것이 학암포캠핑장의 매력이다.

1

2

3

1 ——————
학암포캠핑장에서 뒤쪽 출입구
로 나오면 해변이 펼쳐진다. 캠핑객
들은 낚시 도구를 챙겨와 강태공의
여유를 즐기기도 한다.

2 ——————
학암포캠핑 사이트가 그리 넓
지 않다는 지적도 있다. 대형텐트를
설치하려면 카라반 사이트를 빌리
는 게 좋다.

3 ——————
텐트 위로 해가 지고 있다. 어둑
어둑 어둠이 깔리기 시작하면 캠핑
의 운치가 더욱 빛을 발한다.

여성캠핑객도 편안하게 사용하는 오토캠핑장

주말에 학암포캠핑장은 70개 사이트가 꽉 찬다. 20곳은 예약제로 운영된다. 나머지 사이트는 선착순 입장. 가족캠핑객도 많지만 친구끼리 지내기 위해 찾아오는 경우도 많다. 여성끼리만 캠핑을 오는 경우도 있다. 이희정씨 자매는 3년 전부터 캠핑을 시작한 여성캠핑객이다. 안전과 편의를 고려해 시설이 잘 갖춰진 오토캠핑장을 선호한다. 이씨는 "학암포는 인터넷에서 우연히 알게 됐어요. 샤워시설은 물론 전기를 사용할 수 있어 여성이 캠핑하기에도 무리가 없어요. 낮에는 낚시도 했는데 물고기도 곧잘 잡히네요"라고 말한다.

학암포캠핑장을 이용할 때 주의해야 할 것이 있다. 바로 모닥불 피우기다. 불을 피울 때는 반드시 화로를 사용해야 한다. 지면에 바로 불을 피우는 '캠프파이어'를 하면 자연 훼손의 주범이 된다. 특히 리지나 뿌리 썩음병의 균은 평상시 포자가 흙속에 잠자고 있다가 캠프파이어나 취사행위로 지면 온도가 40~60℃로 올라가면 발아한다. 국립산림과학원의 연구 결과에 따르면, 한 그루만 피해가 발생해도 주변 나무 수십 그루까지 전염돼 함께 말라 죽는 것으로 나타났다. 태안해안국립공원의 임남희 주임은 "캠핑은 자연을 느끼기 위해 하는 것인데 오히려 자연을 훼손해선 안 된다"며 "어렵게 살아난 태안의 자연을 보호해줄 것"을 당부했다.

4 ──────
몽산포캠핑장에서는 소나무 사
이사이에 자리를 잡고 텐트를 쳐야
한다. 그런데 자연이 만드는 이 캠
핑 사이트가 매우 매력적이다. 바람
이 거센 날에는 바닷가 쪽보다는 솔
밭 안쪽에 텐트를 치는 것이 좋다.

5 ──────
영화에서나 보던 캠핑카를 요
즘 국내 캠핑장에서도 종종 볼 수
있다. 캠핑 문화가 점점 확산되고
있기 때문이다.

솔밭과 백사장의 향연, 몽산포는 어때요?

태안해안국립공원에서 운영하는 캠핑장은 두 곳이다. 반도의 북쪽에 위치한 학암포와 중반부에 위치한 몽산포이다. 몽산포는 1990년대부터 야영장으로 인기가 높았다. 하얀 백사장과 푸른 소나무의 향연이 그림 같은 풍경을 연출하기 때문이다. 군이 학암포와 몽산포를 비교하자면, 학암포캠핑장은 시설이 잘 갖춰져 있지만 백사장과 조금 떨어져 있어 인공적인 느낌이 든다. 반면 몽산포캠핑장은 솔밭에 바로 텐트를 칠 수 있어 자연미가 물씬 풍긴다. 바다와 인접해 바람이 심할 경우에는 솔밭 안쪽에 자리를 잡으면 좋다.

학암포에서 만난 이상희씨는 "작년에는 몽산포에서, 올해는 학암포에서 캠핑을 하고 있어요. 몽산포는 솔밭과 백사장의 느낌이 아늑하고 운치 있어 좋고요. 학암포는 백사장과 조금 떨어져 있어 바람이 덜 불고 시설이 깔끔해 사용하기 편리합니다"라고 말한다. 특히 몽산포에 어둠이 깔리면 장관이 연출된다. 텐트의 조명과 소나무의 문양, 파도의 노래가 어우러져 캠핑의 밤을 물들인다. 그야말로 힐링타임이 펼쳐지는 것이다.

서해안고속도로에서 서산IC로 나와 태안 방면 32번 국도를 탄다. 남문지하차도에서 우회전해 학암포 방향으로 향한다. 태안읍에서는 634번 지방도를 타면 학암포에 갈 수 있다. 내비게이션에는 '태안군 원북면 방갈리 515-79'를 입력하면 된다. 대중교통을 이용한다면 태안버스터미널에서 학암포행 시내버스를 이용한다. 40분 정도 소요된다. 학암포는 태안반도 북쪽에, 몽산포는 중반부에 위치해 있다. 몽산포는 내비게이션에 '충청남도 태안군 남면 신장리 354-3'을 입력하면 된다.

학암포 성수기에는 승용차 1대당 1박 이용요금이 1만1천 원, 승합차는 1만7천 원이다. 전기 사용시 2천 원이 추가된다. 샤워장은 1회 이용시 어른 1천 원, 청소년 700원, 어린이 400원을 내면 된다. 취사장과 화장실이 각각 2곳, 샤워시설과 음수대가 각각 1곳이 있다. 총 70사이트 중 예약은 20사이트만 가능하다. 학암포분소(041.674.3224)에서 전화 예약이 가능하다. 태안해안국립공원에서 진행하는 자연 해설 프로그램 신청도 가능하다. 041.672.9737.

몽산포 태안 기름 유출 사건 이후 지역 경제 활성화를 위해 야영장 시설은 몽산포 지역주민들에게 위탁 운영되고 있다. 오토캠핑의 경우 1박에 1만5천 원, 일반 야영의 경우 성수기 어른 2천 원의 이용료가 부가된다. 예약제가 아닌, 선착순 입장으로 이용 가능하다. 전기를 이용할 경우 5천 원이 추가된다. 원래 오토캠핑장은 아니지만 나무와 나무 사이 공간에 주차하고 캠핑하는 경우가 많다. 바닷바람이 셀 경우 솔밭 안쪽에 텐트를 치는 것이 좋다. 041.674.2608

태안반도 해변을 따라 30여 곳의 해수욕장이 포진해 있다. 북쪽부터 학암포를 시작으로 구례포~구름포~의항~백리포~천리포~만리포~어은돌~파도리~연포~도장골 갯벌~굴혈포~몽산포~달산포~청포대~마검포~곰섬~송화염전~삼봉~기지포~안면~밧개~두여~방포~꽂지~샛별~장삼포~장돌~바람아래 등으로 이어진다. 7~8월은 대부분의 야영장에서 취사와 야영이 가능하다. 그 외 기간에 야영을 하면 과태료가 부과된다. 연중 운영하는 곳은 몽산포다. 학암포는 11월까지만 운영 계획이 잡혀 있다(문의: 041.674.3224). 태안해안국립공원 내에서 화로를 이용하지 않고 지면에서 바로 캠프파이어를 할 경우 과태료 50만 원을 물어야 하기 때문에 주의해야 한다.

파
주

캠　문　이
핑　화　시
장　예　소
　　술
　　체
　　험
　　학
　　교

문산천이 흐르는 곳에 조성된 파주 이시소
문화예술체험학교는 캠핑장으로 더없이 좋
은 공간이다. 또 다양한 문화예술체험 거리
를 즐길 수 있어 '캠핑+예술'의 궁합을 자랑
한다.

먹고 즐기는 캠핑이 '배우고 치유하는' 캠핑으로 진화하고 있다. 파
주 이시소문화예술체험학교도 그런 공간 중 하나다. 이시소체험학
교는 원래 캠핑장이 아니었다. 예술을 체험하면서 마음을 치유하는
곳이었는데, 알음알음 캠핑객이 찾아오면서 체험학교는 주말마다
캠핑객에게 문을 열어주고 있다.

"이 시대의 좋은 문화를 만들고 싶어요"

'이시소'. 이름이 참 특이하다. 파주 문산천을 끼고 있는 이시소문화예술체험학교는 원래 초등학교가 있던 곳이다. 1937년 세워진 신산초등학교 영장분교는 1994년 폐교됐다. 이시소체험학교 김옥조 이사장은 15년 전 폐교 터를 활용해 작업장 겸 예술치유소로 꾸몄다. '이 시대의 좋은 소리'를 전한다는 의미에서 '이시소'라는 이름도 지었다. 김 이사장은 문화로 좋은 소리를 만들 수 있다고 생각해 문화예술 프로그램을 개발해 나갔다.

예술체험학교는 평일에는 어린이들을 대상으로 예술 프로그램을 진행한다. 또 한옥 장인이 진행하는 한옥학교를 열어 우리 문화를 알리기에도 열심이다. 그런데 이곳에 캠핑객이 머물기 시작했다. 캠퍼들이 주변 캠핑장을 찾았다가 자리가 부족하면 이시소체험학교의 문을 두드린 거다. 이시소체험학교는 몇 년 전부터 주말이면 캠핑객을 위해 문을 열어준다. 또 캠핑장을 찾은 어린이들을 위해 다양한 문화예술 프로그램도 진행한다.

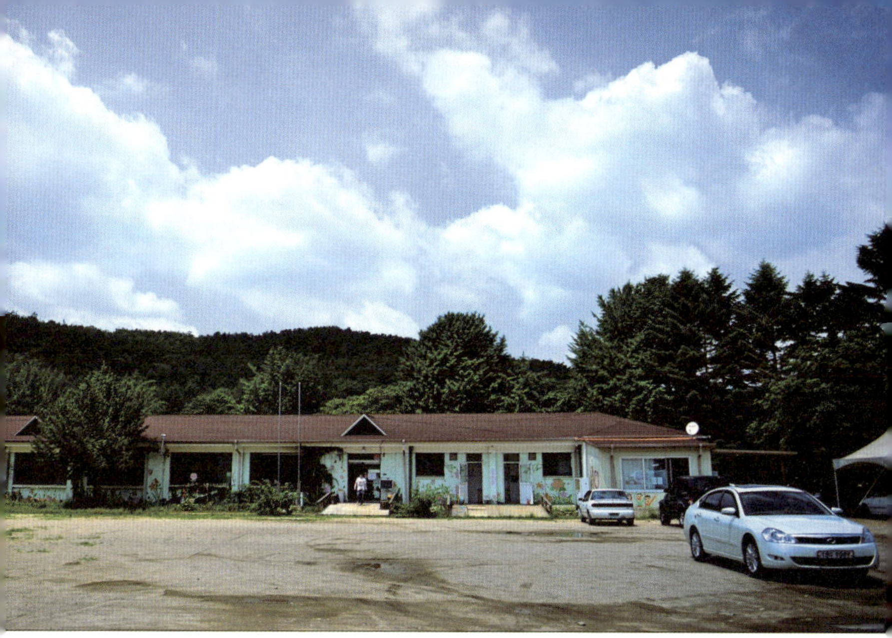

1 ——————
　'이 시대의 좋은 소리'라는 의미로 세워진 이시소문화예술체험학교. 폐교를 활용해 예술작업장이자 체험장으로 조성했다.

2 ——————
　캠핑을 온 어린이가 천연염색 물을 들인 천에 정성스럽게 색을 입히고 있다.

3 ——————
　캠핑장을 찾은 어린이가 자신이 만든 천연염색 손수건 앞에서 포즈를 취했다.

먹고 마시는 캠핑에서 배우고 치유하는 캠핑으로

캠핑장의 테마는 '체험'이다. 어른들을 위한 것보다는 아이들을 위한 것이 많다. 사실 이시소체험학교 프로그램의 주제는 '치유'였다. 김 이사장은 체험장을 꾸리면서 어린이, 노인을 위한 치유 프로그램을 진행했다. 점차 문화예술 프로그램이 확대되면서 전문 예술가들은 물론이고 아마추어들을 위한 공간이 마련됐다.

교사 곳곳에는 다양한 체험장이 꾸려졌다. 도자기를 만들기 위해 여러 개의 가마도 설치했다. 또 천연 염색 등을 배우는 공예 체험장부터 연기, 영상체험 공간 등 매년 프로그램을 확대하고 있다. 교실 안에는 김 이사장이 프랑스에서 생활하던 시절 모아온 예술품이 전시돼 있는가 하면 자그마한 카페도 마련됐다. 예술체험학교는 캠핑객을 위해 간단한 차와 요리를 대접하는 공간도 마련할 계획이다.

4

5

6

4 이시소문화예술체험학교 뒤쪽에 바로 문산천이 흐른다. 물이 맑고 깊지 않아 물놀이객이 많이 찾는다.

5 이시소문화예술체험학교는 전문 캠핑장이 아니다. 하지만 폐교터 곳곳에 80년 된 숲이 조성돼 캠핑 환경이 쾌적하다.

6 이시소문화예술체험학교 체험장. 옛 교실을 그대로 활용한다. 이곳에서 도자기, 염색체험을 비롯해 연기, 영상체험 등 다양한 프로그램이 운영된다.

시원한 숲, 맑은 물

캠핑장은 폐교 터를 활용했지만 캠핑 환경이 전혀 뒤지지 않는다. 80여 년 된 나무가 시원한 그늘을 만들어 캠핑하기에 쾌적한 환경을 만들어준다. 숲은 폐교를 빙 둘러 조성됐다. 가장 안락한 공간을 꼽으라면 교실 건물 뒤편 숲속이다. 아늑한 그늘이 만들어지는 데다 바로 뒤쪽에 문산천이 흐르기 때문이다. 15년 동안 학교 주변 숲과 들에는 농약을 치지 않았다. 작은 숲에는 사라졌던 곤충이 돌아왔고, 학교 뒤 문산천에는 물고기가 부쩍 많아졌다. 캠핑객이 아니어도 주말이면 체험학교 뒤 계곡으로 물놀이를 오는 행락객이 많다. 물이 맑고 수심이 그리 깊지 않아 어린이가 물놀이를 즐기기에도 좋다.

수령 80여 년의 나무들은 운동장 사이트에도 그늘을 만든다. 단, 운동장 바깥쪽에 도로가 있어 소음이 발생할 수 있다. 또 운동장 놀이시설에 아이들이 몰려 시끄러울 때가 있다. 나무그늘 사이트가 다 차서 운동장 한가운데에 텐트를 쳐야 하는 경우에는 타프를 꼭 설치해야 한다.

서울에서 온다면 구파발을 지나 고양시 고양동 쪽으로 향한다. 보광사를 지나면 이시소문화예술체험학교가 보인다. 내비게이션에는 '경기도 파주시 광탄면 쇠장이길 21(구 영장리 256-1)' 또는 '이시소자연문화체험학교'를 입력한다.

운동장 공간을 모두 활용하면 텐트를 50동 정도 칠 수 있다. 화장실은 교사 건물에 있다. 깨끗한 편. 취사장은 2곳. 샤워장은 화장실 옆에 있다. 80년 수령의 나무들이 운동장을 빙 둘러 숲을 이룬다. 그늘이 넉넉하다. 하지만 운동장 한가운데 텐트를 치면 그늘이 전혀 없다. 타프를 꼭 가져와야 한다. 학교 뒤편에는 문산천이 흐른다. 물이 맑고 수심이 얕아 어린이들이 물놀이를 즐기기에 좋다. 전기는 사용할 수 있지만 콘센트함이 많지 않아 50m 릴선을 챙기는 것이 좋다. 전기 사용료 포함해서 1박에 2만5천 원. 체험 프로그램은 토요일 오후 2, 3시쯤 진행된다. 장단콩 두부 만들기, 도자기체험, 염색체험 등이 진행된다. 매주 진행되는 프로그램이 다르다. 평일에는 한옥체험, 연기·영상체험 등 더 많은 프로그램이 열린다. 체험비는 1만 원~5만 원선. 체험 소요시간은 2~3시간 정도.

이시소문화예술체험학교의 가장 큰 장점은 어린이들이 배울 수 있는 '체험 거리'가 많다는 것이다. 원래 체험학교는 평일에 다양한 체험 프로그램을 운영한다. 한옥 만들기, 영상체험, 미술체험 등 종류도 다양하다. 주말에는 어린이 캠핑객을 대상으로 천연염색체험, 도자기 만들기, 장단콩 삼색두부 요리체험 등을 연다. 옛 교실 건물 뒤쪽과 운동장 등이 캠핑장으로 활용된다. 전문 캠핑장이 아니지만 숲과 계곡이 있어 캠핑 환경이 좋다. 김옥조 이사장은 "캠핑을 통해 자연을 만나고 예술을 통해 마음을 치유하고 싶다"고 말한다.

이시소자연문화체험학교 www.isiso.co.kr, 031.948.2072

파주

캠핑장 산머루농원

달 달 한 머 루 향 에 잠 들 다

항암 효과가 뛰어난 안토시아닌 성분이 일반 포도의 세 배 이상 함유돼 있다는 머루. 9월 재배를 앞두고 탱글탱글 영글고 있는 머루를 찾아 길을 나섰다.

'머루'라는 단어는 왠지 익숙하지 않다. 재배 품종인 '포도'가 더 잘 알려져 있기 때문이다. 그런데 머루는 우리 땅에서 나던 토종식물이다. 고려가요인 〈청산별곡〉은 이렇게 시작한다. "살어리 살어리랏다/ 청산에 살어리랏다/ 멀위랑 다래랑 먹고/ 청산에 살어리랏다" 여기서 '멀위'는 머루를 뜻한다. 이미 오래전부터 산과 들에서 향긋하게 익던 산머루를 찾아 캠핑을 떠났다.

탱글탱글 산머루가 익어가는 감악산자락

서울에서 자유로 끝자락으로 달렸다. 파주의 속살인 감악산자락에 들어섰다. 감악산은 경기도 파주시, 양주시, 연천군 사이에 있는데, 그중 파주쪽 감악산자락에 산머루가 자라고 있다. 원래 산머루는 재배를 하지 않았다. 껍질이 얇고 수분이 많아서 쉽게 뭉개지기 때문이다. 또 따자마자 발효가 돼 상품으로는 큰 가치가 없었다. 감악산자락에서 처음 머루가 재배된 것은 1979년이다. 산머루농원의 창업자 서우석 대표가 우연히 야생 산머루를 보고 재배기술을 연구했다. 그 결과 현재는 파주 적성면에서 50여 가구가 산머루를 재배하고 있다. 적성면 객현리는 아예 '산머루마을'로 불리기 시작했다.

산머루는 쉽게 무르는 대신 당도가 높아 와인의 재료로는 손색이 없다. 머루의 당 성분이 발효되면서 그대로 알코올 성분으로 변하기 때문인데, 서양에서 생산되는 와인처럼 깨끗하고 상큼한 포도향이 그대로 살아난다. 2010년 감악산머루주는 '대한민국 우리 술 품평회' 과실주 부문 대상을 수상하기도 했다. 산머루농원에서는 직접 산머루를 재배해 와인을 만드는 전 과정을 볼 수 있는데, 특히 캠핑장 주변에 산머루를 심은 모습이 인상적이다. 9월 재배를 앞두고 한창 산머루가 탱글탱글 익어가고 있었다. 알갱이 전체가 동시에 익는 포도와 달리 산머루는 알갱이가 제각각 익는다. 그 모습이 더욱 '야생'의 느낌을 더하는데, 8~9월이 산머루를 볼 수 있는 적기다.

1 ─────────
캠핑장 바로 옆 덩굴에서 산머
루가 탱글탱글 익어가고 있다.

2 ─────────
원래 농원 안에 캠핑장이 있었
는데 올해부터는 농원 위쪽에 부지
를 따로 만들었다. 계단식으로 조성
돼 위쪽 사이트에서 캠핑장 아래쪽
이 내려다보인다. 캠핑장 주변에는
머루 덩굴을 심었다.

3 ─────────
캠핑장에서 50m 정도 올라가
면 계곡이 있다. 계곡에 발을 담그
고 있으면 한여름 더위가 시원하게
날아간다.

산머루 와인·즙·비누…… 없는 게 없네

산머루 와이너리체험은 캠핑객에게 인기 있는 프로그램이다. 매일 오전 10시와 오후 4시, 와인 가공공장과 와이너리, 즉 와인 저장고를 둘러볼 수 있다. 특히 산머루농원의 와인 저장고는 지하에 60m 길이로 토굴을 파 제작한 건데, 1년 내내 15~18도의 온도를 자연적으로 유지하면서 술이 숙성되기 좋은 조건을 제공한다. 한여름에 저장고에 들어가면 시원할 정도로 선선한 공기에 알싸한 머루주 냄새가 온몸을 휘감는다. 와인을 담은 오크통은 이국적이면서도 독특한 분위기를 자아내는데, 이곳에 1979년부터 담기 시작한 감악산 머루주가 저장돼 있다. 매년 9월 재배시기에는 직접 머루를 따서 술을 담그는 모습도 볼 수 있다.

오크통에서 숙성시킨 머루와인은 어떤 맛일까. 체험 프로그램에 참여하면 머루주를 맛볼 수 있다. 깨끗한 맛이 일품인 머루주 뿐 아니고 머루즙, 머루잼, 머루비누 등 관련 상품도 다양하다. 머루가 얼마나 당도가 높은지는 머루즙을 마셔보면 알 수 있다. 포도즙보다 몇 배는 더 단 맛이 입안을 감돈다. 또 머루에는 항암 효과가 뛰어난 안토시아닌 성분이 일반 포도의 세 배 이상 함유돼 있다. 요즘에는 머루 자체가 건강식품으로 각광받고 있다.

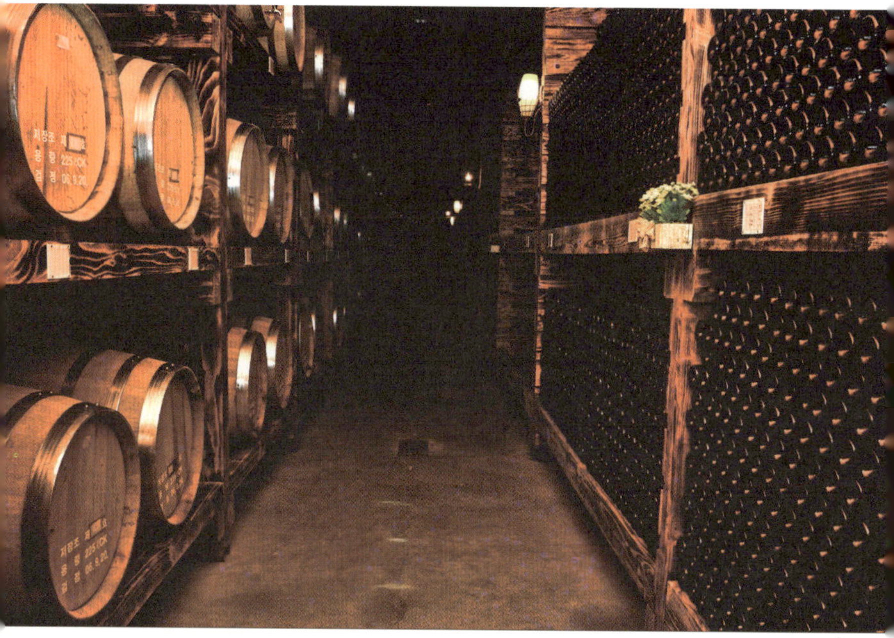

4

5

6

4

감악산 머루주 와이너리. 지하에 60여 m 토굴을 뚫었다.

5

산머루농원체험 마지막에는 시음을 해볼 수도 있다. 2010년 대한민국 우리 술 품평회 과실주 부문 대상을 수상한 만큼 깔끔한 향과 맛이 일품이다.

6

산머루농원캠핑장은 그늘이 부족하다. 텐트를 치기 전에 타프부터 꺼내 팩을 박았다. 잠시 타프 아래 누우니 하늘을 이불로 덮은 듯 시원한 그늘이 생긴다.

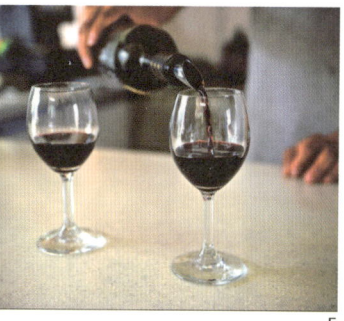

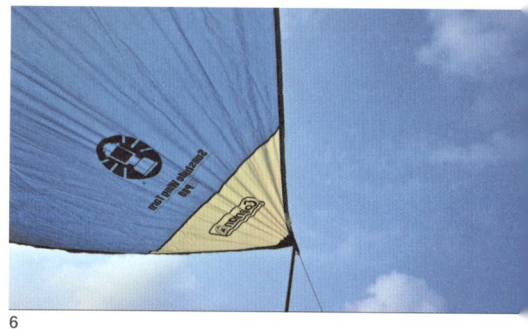

계곡으로, 산으로 더위를 피해요

원래 산머루농원캠핑장은 농원 안에 있었다. 올해부터 부지를 확장해 농원 위쪽에 자리잡았는데, 사이트는 모두 4구역으로 나뉜다. 가장 아래쪽에 사무실과 매점이 있는 본부가 자리잡았고, 위쪽으로 산토끼·다람쥐·고라니·도토리 구역이 차례차례 나타난다. 한 구역당 텐트 5~14개 동을 설치할 수 있다. 캠핑장 부지만 약 2천 평이지만 45동까지만 예약을 받는다. 캠핑객이 여유 있게 즐길 수 있도록 배려한 거다. 구역이 계단식으로 구성돼 있어 제일 높은 도토리 구역이 전망이 좋다. 그러나 화장실과 샤워실, 개수대 등은 고라니 구역에 있어 편의성을 생각할 때는 고라니 구역 근처가 좋다. 캠핑장의 단점은 그늘이 없다는 것이다. 조성한 지 얼마 되지 않아 나무가 부족한 까닭이다. 바닥에 자갈을 깔아 배수 상태는 좋다. 캠핑장 옆으로 난 산책로에 나무가 빼곡하게 있어 주로 이곳에 해먹을 설치한다.

여름캠핑에서 더위를 피하기 위해서는 낮에 아웃도어 활동을 즐기고 저녁 때 텐트로 돌아오는 것이 좋다. 산머루농원캠핑장 위쪽에는 감악산 산책로가 있는데, 위로 50m만 올라가면 계곡이 나타난다. 예부터 검은색과 푸른빛이 도는 바위 덕에 감악산이라 불렸는데 이 바위 위로 맑은 물이 흐른다. 한여름에 발을 담그고 있으면 시릴 만큼 시원한 물줄기에 더위가 저만치 달아난다.

자유로에서 당동IC로 나와 37번 자유로를 탄다. 전곡, 적성, 문산 방면 우측 방향이 37번 국도다. 산머루농원 이정표를 따라 객현리로 들어서면 된다. 내비게이션에는 '산머루농원' 또는 '경기도 파주시 적성면 객현리 67-1'을 입력.

캠핑장 부지는 약 2천 평. 모두 45동을 칠 수 있다. 가장 아래쪽에 사무실과 매점이 있는 본부가 자리잡았고, 위쪽으로 산토끼·다람쥐·고라니·도토리 구역이 차례차례 나타난다. 한 구역당 텐트 5~14개 동을 설치할 수 있다. 화장실과 샤워실, 개수대 등은 고라니 구역에 있다. 시설은 모두 깨끗한 편. 온수도 24시간 나온다. 사이트마다 전기 사용 가능. 전망은 가장 높은 곳에 있는 도토리 구역이 좋다. 단 모든 사이트에 그늘이 부족하다. 나무가 없기 때문이다. 그런 만큼 타프를 꼭 챙겨야 한다. 바닥에는 자갈이 깔려 있어 배수가 좋다. 한 가족당 캠핑장 이용료는 3만 원. 산머루농원체험비가 포함돼 있다. 산머루 와이너리체험만 신청할 경우 1인당 3천 원이다. www.sanmeoru.com, 031.958.9558

파
주

캠
핑
장

하
마

파주 하마캠핑장의 테마는 '낚시'다. 조용히

낚싯대를 드리우고 캠핑의 여유를 낚는다.

"여기는 그냥 쉬러 오는 거예요. 낚시하면서 조용히 가족과 시간을 보내는 거죠." 캠핑장지기인 김지년 사장이 낚싯대를 들고 포즈를 취한다. 저수장 주변 들녘은 이미 가을걷이가 끝났다. 금빛에서 연갈빛으로 수수해진 자연 속에 총천연색 텐트가 자리를 잡았다. 파주 하마캠핑장에서 낚싯대를 드리우고 '시간'을 낚기로 했다.

양어장에서 캠핑장으로

왜 '하마'일까? 우선 이름 뜻이 궁금하다. 답은 캠핑장지기에게 있다. 김지년 사장의 별명이 하마이기 때문이다. 젊은 시절 김사장은 술을 많이 먹는다고 '하마'라는 별명을 얻었다. 파주 토박이던 김사장은 5년 전 적성면 자장리에 양어장을 열었다. 자신의 별명을 그대로 양어장에 붙였다. 그러나 결과는 좋지 않았다. 메기 양식은 실패하고 말았다. 김사장은 "한 해 양식을 다 망친 거예요. 사료 값도 안 나왔죠"라고 한탄한다.

　　　하마양어장이 부진을 면치 못하자 인근 주민들이 '캠핑장'을 해보면 어떻겠냐고 조언을 했다. 양어장은 낚시터로, 너른 평지는 사이트로 적합하다는 의견이었다. 2009년 7월 양어장은 오토캠핑장으로 문을 열었다. 인터넷 카페를 만들고 사진을 올리자 알음알음 캠핑객이 오기 시작했다.

1 ————
　하마캠핑장은 저수지를 앞에
두고 산을 뒤에 안았다.

2 ————
　하마캠핑장은 저수지 옆으로
너른 땅에 텐트 사이트가 있다. 자
갈을 깔고 구획을 나눠 놨다. 그늘
이 부족한 단점을 보완하기 위해 캠
핑장지기인 김지년 사장은 나무를
심고 있다.

강태공의 주말, 여유를 낚다

주말 아침 8시부터 저수지는 북적인다. 아침햇살에 잠이 깬 캠핑객들이 강태공으로 변신한다. 캠핑장에서 3천 원을 내고 빌린 낚싯대를 들고 명당을 찾아 나선다. 캠핑 의자에 앉아 낚싯대를 드리우면 어른보다 아이가 더 진지하다. 어린이 강태공이 줄지어 앉아 입질을 기다리는 모습이 하마캠핑장에서는 흔한 풍경이다.

캠핑장에서 만난 김동현군은 메기를 잡았다며 그릇째 내밀었다. 어른 팔뚝만한 메기가 팔딱거리며 그릇을 박찬다. 하마캠핑장을 처음 찾은 김군 가족은 만족도가 높다. 캠핑장이 큰 도로에서 안쪽으로 들어와 있어 비교적 조용한 데다 사이트 간격도 넉넉하기 때문이다. 가장 좋은 점은 '낚시'를 할 수 있다는 것이다. 그렇다고 요리를 하기 위해 낚시를 하는 것은 아니다. 대부분의 캠핑객은 잡은 메기를 다시 놓아준다. 그저 물고기를 기다리며 '여유' 낚는 법을 익히는 것이다.

3

4

5

3 ——— 아침 일찍 어린이들이 낚싯대를 들었다. 점잖게 자리를 잡고 앉아 가을을 낚는다.

4 ——— 김동현군이 메기를 잡았다며 자랑을 한다. 벌써 4마리째란다. 실력 좋은 강태공 덕에 저수지의 메기가 남아나지 않겠다.

5 ——— 캠핑장 비닐하우스 안에 마련된 탁구대. 낚시가 지겨울 즈음 사람들은 탁구를 치러 온다.

36동으로 제한하는 캠핑, 그늘은 조금 아쉬워

하마캠핑장은 저수지를 중심으로 이뤄진다. 입구에서 바로 보이는 너른 사이트에 텐트 20여 동을 칠 수 있는 공간이 있다. 언덕 바로 앞까지 텐트를 칠 수 있지만 중앙 공간에는 그늘이 부족하다. 한여름에는 타프를 쳐도 강렬한 햇빛 때문에 힘들 수 있다. 저수지 뒤쪽에도 10동 이상 텐트를 칠 수 있다. 부지가 꽤 넓지만 텐트 36동만 예약을 받는다. 덕분에 여유롭게 사이트를 구성할 수 있다. 샤워실, 화장실 등 24시간 온수를 쓸 수 있고 전기도 사용 가능하다. 캠핑객들은 낚시가 지겨울 즈음이면 캠핑장 탁구대에서 시간을 보낸다.

캠핑장지기는 자전거를 타고 수시로 캠핑장을 돌아다닌다. 캠핑객에게 불편사항을 듣기 위해서다. 김사장은 "요즘 캠핑장은 조금이라도 불편하면 사람들이 찾지 않아요. 매일같이 구석구석 관리를 해야 합니다"라고 말한다. 하마캠핑장은 지금 이 순간도 '낚시'를 테마로 특색 있는 캠핑장을 꾸려가고 있다.

내비게이션에는 '파주시 적성면 자장리 148'을 입력하면 된다. 자동차로 올 때는 자유로 일산 방면으로 오다가 당동IC로 나온다. 37번 국도를 따라오다 자장 사거리에서 우측길로 들어서면 300m 지점에 하마양어장 건물이 보인다. 저수지를 중심으로 캠핑장이 있다.

저수지를 중심으로 캠핑 사이트가 구성된다. 입구 바로 앞의 너른 공간에는 20여 동의 텐트를 칠 수 있다. 저수지 뒤쪽에도 10여 동 가량 텐트를 칠 수 있다. 주차는 텐트 바로 옆이나 뒤쪽에 일렬로 할 수 있다. 그늘이 부족한 게 단점. 텐트를 36동만 받기 때문에 사이트를 비교적 넓게 사용할 수 있다. 24시간 온수를 사용할 수 있는 샤워실과 화장실, 개수대를 갖췄다. 전기 사용 가능. 장작도 판매한다. 한여름에는 어린이를 위한 수영장을 개방한다. 사용료는 1박에 2만5천 원. 낚싯대를 빌리는 비용은 1대당 3천 원이다. 참숯, 석쇠를 각각 2천 원에 구입할 수 있다. 잡은 메기는 저수지에 다시 풀어준다.

cafe.naver.com/hamacamping

평
택

전 통 · 현 대 아 우 르 는 감 성 캠 핑

웃
문 다
화 리
촌

캠핑의 시간을 무엇으로 채울 것인가는 전

적으로 캠핑객의 몫이다. 그런데 평택 웃다

리문화촌에서는 다양한 문화예술체험으로

캠핑의 시간이 '감성'으로 채워진다.

캠핑장은 보통 자연과 벗한 곳에 있다. 으슥한 골짜기, 향긋한 숲속, 재잘대는 물길 등이 '캠핑장' 하면 떠오르는 이미지다. 그런데 웃다리문화촌은 도시와 멀지 않은 곳에 있다. 평택시 서탄면 금각리. 인근에는 제법 큰 건물도 있다. 그런데 이곳에 있던 초등학교는 학생이 없어 문을 닫았다. 일명 '도시형 폐교'. 미군부대 등으로 개발이 제한돼 있어 주민이 점차 줄어들었기 때문이다. 젊은이가 떠나고 문을 닫은 학교에 '웃다리문화촌'이 들어섰다.

평택의 전통 잇는 웃다리문화촌

우선 '웃다리'라는 이름이 특이하다. 웃다리는 사실 평택 지역의 농악을 일컫는 이름이다. 우리나라 농악은 크게 웃다리(경기·충청 지역)농악, 전라좌도농악, 전라우도농악, 영남농악, 영동농악 등으로 나뉜다. 그중 평택 지방은 드넓은 벌판으로 농업이 발전하고 함께 농악도 발달했다. 1985년 평택농악이 중요무형문화재로 지정되면서 웃다리의 대표 농악으로 인정받았다. 이곳 문화예술촌이 '웃다리' 이름을 갖게 된 데는 평택의 전통을 잇겠다는 포부가 담겨 있다.

웃다리문화촌이 들어선 폐교터는 원래 1945년 '금각국민학교'로 문을 연 곳이다. 2000년 서탄초등학교 금각분교로 폐교하고 난 뒤 2006년 웃다리문화촌이 들어섰다. 평택문화원이 주축이 돼 문화예술 강좌를 열고 시민의 공간으로 개방했다. 주민들은 직접 '장승과 솟대' 만들기 등 문화 프로그램을 배워 강사가 됐다. 동물을 기증하고 농장을 가꾸는 등 주민들은 웃다리문화촌의 주인이 됐다.

1

2　　3

---

1 ──────

　　윗다리문화촌캠핑장 전경. 운
동장 옆 데크시설에만 텐트를 칠 수
있다.

2 ──────

　　캠핑 당일 꽃사슴이 우리를 탈
출하는 사건이 벌어졌다. 어떻게 우
리에서 탈출했는지 모르겠지만 너
른 운동장을 한참 뛰어다니다가 겨
우 우리로 돌아갔다.

3 ──────

　　윗다리문화촌은 1945년 금각
국민학교로 개교한 곳이다. 2000
년까지 서탄초등학교 금각분교로
운영되다 폐교됐다.

캠핑을 문화예술로 채우기, 감성캠핑을 즐기다

웃다리문화촌에 캠핑장이 들어선 것은 2009년. 몇몇 캠핑객이 운동장에 텐트를 쳐도 되겠냐고 제안한 뒤부터다. 보송한 잔디 운동장에 텐트를 치는 사람이 늘어나면서 자연스럽게 캠핑시설을 갖추게 됐다. 전기를 사용할 수 있는 데크도 설치됐다. 원래 운동장까지 텐트를 칠 수 있었지만 현재는 데크에만 치도록 허용했다. 운동장을 마음껏 뛰놀 수 있는 공간으로 활용하기 위해서이다. 텐트는 데크에만 모두 7동 칠 수 있다. 이렇다보니 주말마다 예약이 꽉 찬다. 2010년 여름부터는 데크시설을 확충해 모두 15동까지 예약을 받고 있다. 더 많은 텐트를 수용할 정도로 공간은 충분하지만 캠핑객들이 여유롭게 캠핑을 즐기고 가길 위해서이다.

웃다리문화촌의 캠핑은 '감성캠핑'이라 말할 수 있다. 우선 문화촌에 볼거리가 많다. 주민들이 직접 옛 물건을 모아 만든 박물관에는 옛 책걸상과 난로, 풍금, 교복 등 추억을 떠올릴 수 있는 물건이 진열돼 있다. 모두 주민들이 하나하나 모은 것이다. 운동장에는 타조, 꽃사슴, 돼지, 오리 등 15종류 60마리의 동물이 있다. 농장의 동물은 모두 기증을 받은 것이다. 아이와 함께 학교 구석구석을 산책하는 것만으로도 '감성'이 살아난다.

4 ────────
　웃다리문화촌 입구에 옛 학교
건물이 아기자기하게 꾸며졌다.

5 ────────
　웃다리문화촌 프로그램에는 생
활도자기 만들기가 있다. 흙을 주물
러서 머그컵, 접시 등을 만들어 바
로 가마에 굽는다.

6 ────────
　웃다리문화촌 운동장에는 동물
우리가 있다. 모두 기증받은 동물인
데 타조, 꽃사슴, 돼지, 염소, 꿩 등
15종류 50마리가 있다. 타조가 우
리에서 고개를 빼꼼히 든 모습.

도자기 빚기부터 솟대 만들기까지, 문화예술체험이 한가득

윗다리문화촌 캠핑의 가장 큰 장점은 다양한 문화예술 프로그램에 참여할 수 있다는 점이다. 주민들이 직접 강의하는 '솟대 만들기'부터 전문 강사가 직접 가르치는 '도자기 만들기'와 '한지공예' 등에는 1년 365일 참여할 수 있다. 이 외에도 윗다리농악 배우기, 천연염색 체험, 우리음식 만들기 등 전통을 배울 수 있는 프로그램도 많다. 또 윗다리문화촌 인근에 주말농장을 열어 단체나 가족 단위로 '나만의 농장'을 가꾸는 사람도 늘어났다. 벌써 150여 가족이 참여하고 있다. 군이 캠핑이 아니어도 다양한 문화예술 프로그램에 참여하기 위해 윗다리문화촌을 찾는 이는 1년에 약 1만 명에 달한다. 웃고 즐기고 배우고 체험하는 동안 윗다리문화촌의 시간은 알차게 익어간다.

■ 송탄우체국에서 77번 마을버스를 타면 웃다리문화촌까지 약 15분 소요된다. 하루에 12번 운행. 지하철을 탈 경우 송탄역에서 웃다리문화촌까지 택시를 타야 한다. 자가용을 몰고 온다면 고속도로 송탄IC에서 나와 송탄 방향으로 좌회전한다. 이충동 현대아파트 사거리에서 지하도로 들어갔다가 갈평 사거리에서 좌회전한다. 다시 두릉리 삼거리에서 우회전해 금각리 입구 사거리에서 좌회전해 마을로 진입한다. 표지판을 따라오다보면 웃다리문화촌이 보인다. 내비게이션에는 '경기도 평택시 서탄면 금각리 용소금각로 438-14번지'를 입력하면 된다.

▲ 웃다리문화촌에는 데크 시설에 모두 6동만 텐트를 칠 수 있다. 사용료는 전기료 포함 2만 원이다. 샤워실, 화장실 모두 잘 갖춰져 있다. 데크 바로 앞은 운동장이고 옆에는 동물농장이 있다. 데크 위 지붕이 설치돼 있기 때문에 따로 타프를 챙길 필요는 없다. 각종 문화예술 프로그램 참가비는 홈페이지(www.wootdali.or.kr)를 참조할 것. 예약 문의 031.667.0011

포천
캠핑장

유식물원

동 화 나 라 캠 핑 마 을

식물원과 캠핑장은 왠지 어울릴 것 같지 않지만 포천 유식물원캠핑장은 그런 편견을 단숨에 뛰어넘는다. 자연과 인공, 캠핑과 놀이가 맛있게 버무려진 힐링캠핑장이기 때문이다.

토요일 오후 368번 지방도로를 지나 포천 갈월2리 마을길로 들어섰다. 자동차 한 대가 겨우 지나갈만한 좁은 시골길. 캠핑장을 함께 운영해 인기를 모으고 있는 식물원이 이런 외진 곳에 있을까 하는 의심이 뭉게뭉게 피어난다. 삼정리를 지나 구불구불 산으로 인도하는 길을 따라 10분 남짓, 유식물원 입구가 눈에 들어온다. 아니, 입구부터 줄지어 서 있는 차량 행렬이 더 먼저 시야를 가로막는다. 텐트 팩을 고정시키는 망치 소리가 산속 식물원에 '탕' '탕' 울려퍼진다. 정적일 것만 같던 식물원은 이미 어린아이의 뛰노는 소리에 점령당했다.

식물원, 구경 아닌 체험을 하다

텐트를 치기 전 유식물원을 한 바퀴 돌아보았다. 흔히 봐왔던 캠핑장과는 너무나도 다른 분위기였기 때문이다. 홍대 갤러리 카페를 연상시키는 아기자기한 조형물이 식물원 구석구석을 수놓는다. 유식물원은 총 2만m², 6만 평이 넘는 부지다. 식물원 입구부터 전망대까지는 걸어서 왕복 1시간이 넘게 걸린다. 넓은 공간이라 허술할 법도 한데 주인장의 손길이 미치지 않은 곳이 없다. 계곡 위로는 목조다리가 아담하게 길을 내고, 그네와 벤치가 쉴 공간을 마련해준다. 잣나무숲에 둘러싸인 식물원에는 탱고의 정원, 얼음골, 산딸나무숲, 하늘정원 등 테마파크가 들어섰고 그 사이사이에 텐트를 치는 공간이 마련됐다. 마치 동화나라에 캠핑촌이 들어선 느낌이다.

유식물원 유상혁 대표는 "처음에는 변절자 취급을 받았어요. 식물원에서 캠핑장을 운영한다고 지인들이 손가락질을 했죠"라며 입을 열었다. 유대표는 2008년 5월 아이리스 전문 식물원을 열었다. 8년 간의 준비기간을 거친 뒤였다. 그런데 왜 식물원에 캠핑장을 열 생각을 했을까. 유대표는 "사람들이 몇 시간만 식물원을 보고 가는 게 아쉬웠어요. 조금 더 자연 속에 머물러주길 바랐죠. 그래서 고심 끝에 2009년 캠핑장을 함께 열었습니다"라고 설명한다. 물론 처음에는 고민도 따랐다. 식물원이 훼손될 것이라는 우려가 가장 컸다. 그러나 캠핑객은 식물원을 제집처럼 아껴줬다. 오히려 자신이 머물렀던 자리를 깨끗하게 정리하고 떠나는 모습에 유대표는 걱정을 내려놓았다.

1

마치 헤이리예술마을을 연상시
키는 아기자기한 조형물이 식물원
곳곳에 마련돼 있다. 텐트와 오묘한
조화를 이룬다.

지도를 들고 보물찾기에 나선 아이들

유식물원캠핑장의 가장 큰 장점은 무엇일까. 대다수의 캠핑객이 어린이가 놀기에 좋다는 것을 강점으로 꼽았다. 조남식씨 가족은 "캠핑장은 자연 속에 파묻혀 있다고만 생각했는데 이곳은 좀 달라요. 아이들이 식물원 구석구석을 돌아보며 배우는 것도 좋고요. 곳곳에 놀거리가 많더라고요"라고 말한다. 어린이에게 가장 인기가 많은 곳은 단연 레일썰매장이다. 이 외에도 토끼산책로와 등잔전시관, 아열대온실, 어린이가든 등 어린이캠핑객을 위한 다양한 장소가 마련됐다. 유식물원에서는 가족캠핑객을 위해 보물찾기 이벤트와 식물원 해설 프로그램도 진행한다. 아이들은 식물원 지도를 펼쳐들고 보물찾기 삼매경에 푹 빠진다.

아침에 눈을 뜨면 식물원 정상에 있는 전망대까지 산책을 나선다. 식물원 남쪽에 위치한 탱고의 정원에서 시작해 아열대온실, 등잔전시관, 꽃창포원, 자연림, 산딸나무숲, 아이리스원을 지나 전망대에 오른다. 산정호수까지 넓게 펼쳐지는 풍광에 심호흡을 한 뒤, 내려오는 길에는 휴양림, 하늘정원, 썸머왈츠, 암석원을 지나 식물원 입구에 다다를 수 있다. 여유 있게 둘러보면 왕복 1시간 30분 정도 소요된다.

3

4

2

2 ──────

　대부분의 캠핑객이 유식물원의 강점으로 어린이가 놀기에 좋다는 것을 꼽았다. 그중 어린이에게 가장 인기가 많은 곳은 단연 레일썰매다.

3 ──────

　볼거리가 풍부한 유식물원에는 토끼산책로를 비롯해 아열대온실, 어린이정원 등이 마련돼 있다. 유식물원 제공

4 ──────

　보물찾기라도 하는 양 어린이들이 지도를 들고 유식물원을 탐방하는 모습을 쉽게 볼 수 있다

캠핑 초보도 즐겁게 다녀가지요

유식물원캠핑장에는 총 100동의 오토캠핑장이 마련돼 있다. 크게 는 3곳의 사이트로 나뉘는데 일반 평지부터 숲속캠핑장까지 종류가 다양하다. 가장 좋은 점은 사이트 한 면마다 구획이 나뉘어 있지 않 아 자유자재로 텐트와 타프를 구성할 수 있다는 점이다. 큰 텐트에 여러 대의 차를 가져오는 경우도 있어서 주차 공간도 한정하지 않 았다. 캠핑장이 수도권에 있다 보니 친한 사람들을 초대해 바비큐를 즐기는 캠핑객도 많기 때문이다. 보통 주말이면 100동의 사이트가 꽉 차고 150대 이상의 차량이 캠핑장에 들어온다.

이 외에 20동에는 텐트를 비롯한 모든 캠핑장비가 마련돼 있다. 캠핑을 처음 시작하는 사람들을 위한 배려이다. 캠핑체험을 한번 해보면 필요한 장비를 선별해 구입할 수 있기 때문이다. 캠핑 초보라서 장비를 빠트리고 오는 경우 캠핑장지기를 자처한 유상혁 대표가 직접 장비를 대여해준다. 펜션도 문을 열었다. 대가족이 올 경우 펜션 앞에 텐트를 치고 펜션도 함께 이용할 수 있다.

서울 북부에서 의정부를 지나 포천시청에서 368번 지방도로에 오른다. 백궁 가든이 보이면 우회전해서 유식물원 표지판을 따라 오면 된다. 내비게이션에는 '경기도 포천시 신북면 삼정2리 산38'을 입력. 대중교통을 이용한다면 포천시청 농협중앙회 건너편에서 57번 버스를 타고 갈월2리에서 내리면 된다.

오토캠핑 사이트 100동, 캠핑장비가 마련돼 있는 캠핑하우스 20동이 있다. 24시간 온수가 나오는 샤워실과 개수대가 식물원 중앙에 마련돼 있다. 별도로 캠핑장 곳곳에 간이화장실이 설치돼 있다. 캠핑장에서는 전기는 물론이고 무선인터넷도 사용할 수 있다. 식료품을 사려면 식물원 바깥으로 5km 이상 나가야 하므로 들어오기 전에 사가지고 오는 것이 좋다. 장작, 전기릴선, 전기등, 토치 등 다양한 캠핑장비를 식물원에서 대여할 수 있다. 이용요금은 오토캠핑 1박에 비수기 전기료 포함 3만 원. 성수기 3만5천 원이다. 캠핑 비용에 식물원 이용료, 전기 사용료, 레일썰매 체험비 등이 모두 포함돼 있다. 텐트를 포함한 캠핑장비를 모두 대여해 1박을 할 경우 이용료는 7만~13만 원이다. 031.536.9922

사이트는 구획이 따로 없어서 텐트와 타프를 자유롭게 칠 수 있다. 단, 샤워실과 개수대가 식물원 가운데 한 곳만 있어 외진 곳에 텐트를 칠 경우 불편을 감수해야 한다. 어두운 산길을 따라 500m 넘게 걸어와야 하기 때문이다. 간이 화장실은 곳곳에 설치돼 있다. 편리성을 따진다면 샤워실과 개수대 인근에 텐트를 치는 것이 좋고 조용하게 캠핑을 즐기고 싶다면 휴양림 인근에 자리를 잡는 것이 좋다.

화
성

겨울에만 열리는 캠핑장

산
들
래
자
연
체
험
학
교

캠핑은 따뜻한 날씨와 어울린다는 고정관
념을 깨고 '겨울'에만 문을 여는 캠핑장이
있다. 화성 산들래자연체험학교는 캠퍼가
직접 운영하는 캠핑장으로도 유명하다.

'겨울'과 '캠핑'. 서로 겉도는 단어처럼 느껴진다고 생각하는 이가 적지 않을 것이다. 하지만 그렇지 않다. 캠핑 좀 한다(?)는 사람에게 겨울은 '천혜의 기회'다. 여름철 먹고 마시고 떠들던 행락객은 사라지고, 쉬고 사색하며 대화하는 캠핑객이 자연을 찾기 때문이다. 경기 화성시에는 '겨울'에만 문을 여는 캠핑장이 있다. 캠핑 동호회가 부지를 빌려 겨울 동안 캠핑장을 직접 운영하는 방식이다. 화성 산들래자연체험학교로 겨울캠핑을 떠난다.

진정한 캠핑문화를 꿈꿔요

산들래자연체험학교는 봄부터 가을까지 농사체험 등의 프로그램을 운영하는 체험장이다. 방문객이 뜸해지는 11월부터 이듬해 3월까지만 캠핑장으로 개방한다. 산들래체험학교의 주인은 백동현 사장이지만 캠핑장 관리는 캠퍼인 오영근씨가 맡는다. 지난해 겨울부터 문을 연 산들래체험학교 동계캠핑장에는 독특한 사연이 얽혀 있다.

　　　　오영근씨는 약 1만2천 명의 온라인 회원이 활동하는 '펠렛캠프 동호회'를 운영한다. 펠렛캠프는 술 먹고 와자지껄한 향락 캠핑을 지양한다. 대신 자연을 느끼고 상대를 배려하는 캠핑 문화를 실천하자는 게 동호회의 기본 취지다. 동호회를 운영하던 오씨는 경기 서남부권에 갈 만한 캠핑장이 많지 않다는 사실에 주목했다. 그래서 동호회 회원과 함께 적당한 장소를 물색하기 시작했다. 산들래체험학교를 알게 된 뒤 '삼고초려'의 설득 끝에 2010년부터 겨울에만 캠핑장을 열게 됐다. 캠핑비는 전액 체험학교에 돌려준다. 대신 동호회는 체험학교시설을 이용해 아늑한 겨울캠핑장을 얻게 됐다.

1 ─────────
자연체험학교 시설 곳곳에 아이들과 뛰어놀 수 있는 공간이 있다.

2 ─────────
산들래자연체험학교 위쪽 부지로 올라가면 동물농장이 나온다. 닭, 염소, 소 등을 키운다. 우리에서 나와 자유롭게 배회(?)하는 닭도 볼 수 있다.

3 ─────────
자연체험학교를 지키는 개. 큰 덩치인데도 온순하다.

캠핑 에티켓을 지켜주세요

산들래자연체험학교캠핑장은 아늑하고 조용한 분위기가 주를 이룬다. 캠핑 에티켓을 지키자는 공감대가 형성됐기 때문이다. 메인 캠핑장은 약 3천 평 부지의 잔디밭 운동장. 골프장에서 쓰는 잔디를 심어 겨울에도 푸릇한 잔디가 살아 있다. 그렇다고 아무렇게나 텐트를 칠 수는 없다. 잔디 운동장 한 가운데는 공동의 공간으로 비워둔다. 아이들이 신나게 뛰어놀 수 있도록 하기 위해서다. 사이트는 운동장 가장자리를 빙 두른 형식으로 구성된다. 텐트 35동으로 입장을 제한하기 때문에 사이트 구성 공간이 넉넉하다. 사이트에 장비를 내려놓은 뒤 차는 캠핑장 옆 주차장에 주차한다. 이 역시 쾌적한 캠핑을 위해서이다. 난로, 화로대를 사용할 때는 꼭 받침대를 설치한다. 잔디가 훼손되는 것을 막기 위해서이다.

그 외 부대시설은 세련된 편은 아니다. 자연체험학교시설을 그대로 이용하기 때문이다 화장실은 3곳, 개수대는 2곳이 있다. 샤워실은 간이시설이어서 여성만 사용한다. 24시간 온수가 나온다. 각 사이트마다 전기를 사용할 수 있다. 전기담요는 사용할 수 있지만 전기난로의 사용은 허용하지 않는다. 캠퍼가 직접 운영하는 캠핑장인 만큼 에티켓을 서로 잘 지켜야 한다. 위급상황이 발생할 때는 선배 캠퍼가 나서서 도와주기 때문에 동계캠핑의 위험을 줄일 수 있다.

4

5

6

4 ——————
　산들래자연체험학교는 태행산
자락에 있다. 잔디밭 운동장에 텐트
를 치면 등 뒤로 산이 둘러싼 모습
이다.

5 ——————
　산들래자연체험학교는 캠핑장
으로 너른 잔디밭 운동장을 활용한
다. 잔디밭 한가운데서 아이들이 뛰
어놀 수 있도록 텐트는 운동장 가장
자리에 둥그렇게 자리한다.

6 ——————
　간이건물 안에 탁구대가 놓여
있다. 바로 뒤쪽에는 설거지를 할
수 있는 개수대가 보인다.

'크리스마스 캠핑'을 아세요?

밤새 떠들고 노는 문화가 없다면 캠핑장에서 어떤 놀이를 하면 좋을까? 펠렛캠프에서는 특별한 날 이벤트를 준비한다. 성탄캠핑에는 동호회에서 다양한 이벤트를 준비하는데, 텐트에 장식을 하고 산타클로스 복장을 입은 캠퍼가 선물을 나눠준다. 소소한 공연과 선물 나누기 등의 행사가 열린다. 도심 속 성탄 행사와는 차별화된 경험을 할 수 있다.

캠핑장 뒤로는 태행산까지 약 2.5km의 등산로가 연결된다. 경사가 완만해 눈꽃트레킹을 즐기기 좋다. 캠핑을 하는 동안 산들래자연체험학교시설을 이용할 수 있다. 농구장, 탁구장 등에서 가족과 운동을 하거나 닭, 토끼, 염소 등을 키우는 동물농장을 구경하는 것도 소소한 즐거움이다.

서해안고속도로 비봉IC에서 나와 39번 국도를 탄다. 자안 교차로에서 비봉(팔탄) 방면으로 좌회전 후 청요 사거리에서 봉당(수원) 방면으로 좌회전한다. 산들래체험학교 이정표를 따라 이어진 길로 약 1km 정도 들어오면 캠핑장이 보인다. 내비게이션에는 '화성시 비봉면 청요리 702-4'를 입력하면 된다.

산들래자연체험학교캠핑장은 11월 말부터 이듬해 3월까지만 운영한다. 캠핑 예약은 35동으로 제한한다. 미리 예약하는 것이 필수. 펠렛캠프 동호회 홈페이지(cafe.daum.net/pelletcamp)에서 예약을 받는다. 1박에 2만 원. 전기료는 따로 내지 않아도 된다. 화장실 3곳, 개수대 2곳. 온수를 사용할 수 있다. 간이시설로 만들어 놓은 샤워실은 여성만 이용할 수 있다. 부대시설이 깔끔하고 세련되지는 않았지만 농구장, 탁구대, 동물농장 등 시간을 보낼 장소는 많다. 겨울에는 얼음썰매를 5천 원에 빌릴 수 있다. 캠핑장 부지는 약 3천 평 정도. 잔디 운동장의 가운데는 남겨놓고 가장자리에 둥그렇게 텐트를 치는 형식이다. 사이트를 넓게 사용할 수 있는 것이 장점. 잔디밭은 장점이자 단점이 되기도 한다. 비나 눈이 오면 질척해지기 때문. 차를 바로 옆에 주차할 수 없는 점도 불편하다. 그러나 모두 장비를 내려놓은 뒤 차를 빼기 때문에 쾌적한 캠핑을 즐길 수 있다. 캠핑장에서 태행산 등산로가 연결된다. 정상까지 약 2.5km. 경사가 완만해 아침 산책 코스로 좋다. 캠핑장과 약 5km 정도 떨어진 곳에 하내테마파크가 있다. 나비박물관 등이 있어 가족나들이를 다녀올 수 있다.

홍천

살 만 한 둔 덕 에 머 무 르 다

캠핑장 살둔마을

폐교된 지 약 20년. '반공' '방첩' 팻말을 내
건 홍천의 한 폐교가 시간을 뛰어넘고 있다.
홍천 살둔마을 생둔분교 터가 오토캠핑장
으로 각광을 받으면서부터다.

'살 만한 둔덕'이라서 '살둔마을'이라 불린 곳. 그러나 살둔마을에 이르는 길은 순탄치 않다. 구불구불 산길을 오르락내리락. '하늘아래 첫 동네'라도 가는 양, 산길의 심기는 영 불편해 보인다. 산과 산이 서로의 몸뚱이를 부대끼고 밀쳐내 만든 내린천은 마을을 끼고 흐른다. 이쯤 되면 과거에는 오지 중의 오지로 꼽힐 만도 했겠다.

해발 1000m 산줄기가 포근히 안은 마을

446번 지방도로를 따라 산골 깊숙이 자리한 살둔마을에 들어섰다. 굳이 순서를 따지자면 도로는 2001년에 개통됐으니 마을 한가운데 도로가 난 것이리라. 도로가 뚫리기 전 마을은 두메산골이나 다름없었다. 방태산(1444m) 줄기인 숫돌봉에 포근히 안긴 살둔은 월둔, 달둔과 함께 『정감록』에 피난처로 기록됐다. 해발 500m 위 작은 산골마을에는 40가구 남짓 드문드문 집이 들어섰다.

마을의 시작은 조선시대 아스러진 왕의 이야기가 함께 묻혀 있다. 조선 제6대 왕인 단종이 숙부인 수양대군에게 왕위를 빼앗기자, 단종의 복위를 꾀하던 사람들이 방태산 골짜기에 숨어들었던 곳이다. 그러나 오히려 마을은 '이곳에 오면 사람이 산다'는 의미를 담아 '살둔'이라 불렸다. 오랜 시간 외지인의 손길이 닿지 않던 산골에는 알음알음으로 사람들이 모여들기 시작했다. 1985년 지어진 살둔산장이 언론사 선정 '한국인이 살고 싶은 집 100'에 선정되면서 외지인의 관심이 일었다. 2009년에는 살둔마을에서 문암마을에 이르는 트레킹 코스가 방송에 소개됐다. 오로지 걷기 위해 이곳을 찾는 사람도 속속 생겨났다.

1

2

1 ——————
1993년 폐교된 생둔분교에 주말이면 어김없이 캠핑장비를 실은 차량이 속속 들어온다. 캠핑객은 이내 텐트를 치고 화로에 불을 붙인다. 폐교 터에 캠핑의 낭만이 흐른다.

2 ——————
개인적으로 좋아하는 풍경 중 하나가 캠핑장에 줄을 매달아 침낭이나 빨래를 말리는 모습이다. 바로 뒤 생둔분교가 보이는 모습이 이색적이다.

시간이 멈춘 생둔분교, 캠핑의 낭만이 흐르다

요즘 살둔마을에 활기를 가져다주는 것은 1993년 폐교된 생둔분교이다. 1948년부터 515명의 학생을 배출한 학교는 '반공' '방첩' 문구를 내건 채 시간을 막아섰다. 그런데 을씨년스러울 것만 같던 폐교에 주말이면 어김없이 캠핑 장비를 실은 차량이 속속 들어온다. 캠핑객은 이내 텐트를 치고 화로에 불을 붙인다. 폐교 터에 캠핑의 낭만이 넘친다. 멈춘 시간이 다시 흐르는 순간이다.

마을 사무장을 맡고 있는 이태호씨는 "원래 폐교 운동장에서 종종 야영을 하는 사람들이 있었어요. 그러다 작년 여름부터 마을에서 폐교 터를 활용해 캠핑장을 열었죠"라고 말한다. 주민이 직접 벤치, 새집, 썰매, 뗏목 등을 만들었다. 24시간 내내 뜨거운 물이 나오는 샤워시설은 물론 화장실과 개수대도 깨끗하게 정비했다. 이씨는 "이곳은 원래 조용한 시골마을이었어요. 그런데 캠핑객이 찾아오면서 활기를 찾고 있죠. 마을 주민이 직접 나서 야영장을 꾸미고 행사도 마련하고요"라며 자랑을 늘어놓는다.

캠핑장은 생둔분교 운동장부터 내린천 둔치까지 이어진다. 사이트가 따로 나뉘어 있지 않아 텐트와 타프를 자유자재로 칠 수 있다. 마을 측에서는 성수기에도 30동으로 예약을 제한한다. 살둔마을을 찾은 캠핑객에게 여유로운 시간을 주고 싶어서이다. 여름에 가장 인기 있는 사이트는 단연 내린천이 한눈에 내려다보이는 둔치다. 내린천 둔치부터 자리가 차기 시작해 운동장을 빙 둘러 텐트가 자리잡는다. 겨울에는 강바람을 피하기 위해 운동장부터 텐트가 모여들기 시작한다. 전기시설이 갖춰져 있어 한겨울에도 캠핑객이 속속 모여든다.

3

4

5

3 ───

　　여름 내린천 둔치를 따라 텐트가 즐비하게 들어섰다. 여름철에는 인기가 좋지만 마을에서는 30동으로 예약을 제한하고 있다. 여유롭게 캠핑을 즐기다 가길 원해서다. 살둔 미을 제공.

4 ───

　　생둔분교 바로 옆에 내린천이 흐른다. 이곳에 낚시꾼들이 즐겨 찾는 포인트가 있다. 내린천에는 갈겨니, 모래무지를 비롯해 열목어까지 보인다.

5 ───

　　살둔마을야영장을 꾸미는 건 주민 몫이다. 주민들이 직접 벤치, 새집, 썰매, 뗏목 등을 만들었다. 야영장은 물론 마을 곳곳에 아기자기한 손길이 느껴진다.

방태산과 내린천, 천혜의 자연이 만드는 즐길 거리

생둔분교 바로 옆에 내린천이 흐른다. 강원 홍천군 내면에서 출발해 인제군 기린면으로 빠져 나가기에 두 지명의 첫 자를 따 '내린'천이라 한다. 총 70km 이어지는 물줄기의 상류가 살둔을 지난다. 이곳에 낚시꾼들이 즐겨 찾는 포인트가 있다. 내린천에는 갈겨니, 모래무지를 비롯해 열목어까지 보인다. 나진근씨는 "견지낚시를 하러 몇 번 살둔마을을 오가다가 처음 캠핑을 왔어요. 내린천의 물소리를 들으며 자연 속에서 잠든 어젯밤이 참 행복하더라고요"라고 말한다. 살둔마을에서는 겨울이면 꽁꽁 얼은 내린천에 이글루를 만들고 캠핑객에게 썰매와 스케이트를 무료로 대여해준다. 여름에는 구명조끼를 빌려주고 뗏목체험시설도 갖춘다.

살둔마을을 감싼 산줄기에는 천혜의 트레킹 코스가 있다. 살둔마을에서 홍천 문암마을로 넘어가는 길이다. 살둔마을에서 호랑소를 지나 시멘트포장도로가 끝나면 문암마을 삼거리까지 자갈길과 흙길로 이어지는 총 4km의 트레킹 코스가 시작된다. 걷기 부담된다면 생둔분교에 비치돼 있는 자전거를 이용해 다녀올 수도 있다. 걷다보면 어느새 민가와 펜션들은 사라진다. 호젓한 그 길에는 내린천이 오밀조밀 발길에 따라붙어 살 만한 둔덕의 맛을 실감케 한다.

■ 서울~춘천고속도로 동홍천IC로 나와 56번 국도 양양 방면을 따라간다. 홍천군 내면 지나 광원리에서 우회전하면 446번 지방도를 만난다. 굽이치는 도로를 8km 정도 가면 살둔마을 표지판이 보인다. 영동고속도로 진부IC에서 31번 국도를 따라 운두령을 넘어가 56번 국도를 갈아타도 된다. 대중교통은 상봉이나 동서울터미널에서 고속버스와 직행버스를 이용해 홍천읍까지 간다. 홍천읍에서 내면 율전리행 버스가 약 1시간 단위로 운행된다. 2시간 소요. 살둔마을캠핑장은 생둔분교 터에 있다. 내비게이션에는 '홍천군 내면 율전리 221-4'를 입력하면 된다. 살둔마을 6km 이내에 매점과 식당이 없기 때문에 필요한 물품이나 음식을 꼼꼼히 챙겨서 들어와야 한다.

▲ 캠핑장 예약은 마을 홈페이지(http://saldun.invil.org/theme/autocamp)에서 가능하다. 야영료는 텐트 크기에 따라 2~5만 원이다. 여름 성수기에도 캠핑객의 편의를 위해 30동으로 예약을 제한한다. 겨울에도 온수가 나오는 샤워실과 개수대가 있다. 단 샤워실과 개수대가 함께 있어서 샤워시 유의해야 한다. 화장실도 깨끗한 편. 텐트 사이트에서 전기 사용 가능하다. 문의 033.434.3798

++ 사이트는 구획이 따로 없어서 텐트와 타프를 자유롭게 칠 수 있다. 생둔분교 운동장부터 바로 옆 내린천 둔치까지 사이트가 이어진다. 여름에는 둔치 쪽 자리 인기가 높아 둔치부터 텐트가 설치된다. 겨울철 강바람을 피하려면 운동장에 텐트를 치는 것도 좋다. 사이트마다 전기가 들어오지만 강 둔치 쪽까지 연결하려면 전기릴선을 챙겨야 한다. 생둔분교 인근에서는 무선인터넷도 잡힌다. 마을에서 자전거를 무료로 대여해준다. 여름에는 구명조끼를 빌려 입고 뗏목체험을 할 수 있다. 또 운동장에 스크린을 설치해 영화 상영도 해준다. 겨울철 내린천이 꽁꽁 얼면 스케이트와 썰매를 즐길 수 있다. 마을에서는 이글루를 설치하고 음악회도 연다. 살둔마을 캠핑객에게는 모든 체험이 무료다. 생둔분교 인근에는 새로 생긴 펜션과 민박이 있다. 살둔마을 트레킹 코스는 생둔분교에서 걸으면 문암마을까지 왕복 13km가 넘기 때문에 도로가 끝나는 지점까지 차를 몰고 가서 왕복 8km 코스만 걷는 것도 괜찮다.

대자연의 평온한 품속

이 땅 모두가 나의 집

힐링 캠핑

힐링
캠핑
<u>부록</u>

캠핑
장비

텐트 입문

캠핑 하면 제일 먼저 텐트가 떠오른다. 오토캠핑이 유행하면서 타프(그늘막)가 텐트만큼 중
요한 역할을 감당하게 됐지만 그래도 텐트는 캠핑의 주요 장비다. 요즘에는 텐트와 타프가
결합된 오토캠핑용 텐트의 경우 1백~2백만 원을 호가하기도 한다. 그래서 구입시 신중을 기
해야 한다. 텐트를 빌려주는 캠핑장도 많으니 몇 번 사용해보고 구입하는 것도 좋다.

　　텐트는 보통 플라이, 본체, 폴, 팩, 스트링(당김줄), 기타 물품으로 구성된다. 플라이는
텐트를 덮는 지붕인데 비나 눈으로부터 본체가 젖는 것을 막아준다. 본체는 텐트에서 잠을 잘
수 있도록 방의 역할을 하는 공간이다. 알파인형, 돔형, 일체형, 캐빈형 등 쓰임새에 따라 종류
가 다양하다. 보통 등산용은 무게와 부피는 최소화하고 기능은 극대화시킨 반면, 오토캠핑용
은 대형화되는 추세다. 폴은 플라이나 본체를 지탱해주는 장비로 철이나 두랄루민, 강화 플라
스틱 등으로 만든다. 팩은 플라이나 텐트를 바닥에 고정시키는 나사와 같은 역할을 한다.

　　텐트를 구입할 때는 표시된 제원 중 '내수압'을 꼭 확인해야 한다. 내수압은 플라이
나 텐트 바닥의 방수 능력을 나타낸다. 10mm의 원통형 기둥에 얼마만큼의 물을 부으면 물
이 새는지를 수치로 표시한 것이다. 내수압을 기준으로 했을 때 500mm는 가랑비 정도,
1500mm는 폭우로 분류한다. 등산용 알파인 텐트의 경우 내수압 4000mm 이상의 고급 원
단을 사용하기도 한다.

텐트

텐트 설치법

다목적 거주 공간으로 사용하는 거실형 텐트(리빙쉘)는 입식생활이 가능하도록 천장이 높고 공간이 넓다. 그 자체로 침실, 거실, 주방 역할을 모두 할 수 있다. 우선 텐트 설치 전 먼저 구성품부터 확인해야 한다. 일반적으로 본체, 이너텐트, 폴 세트, 스트링, 팩 등으로 구성되어 있다. 누락된 부품은 없는지 확인하자. 구성품 확인이 끝났다면 본격적인 설치를 시작한다. 본체를 편 뒤 텐트를 치기 적당한 평지에 위치시키고 설치에 필요한 폴들을 꺼내 미리 결합해둔다.

후면 메인 폴을 먼저 결합한다. 슬리브에 넣은 후 끝부분을 하단부 고정클립에 결합하고, 결합이 끝났다면 텐트를 일으켜 세운 뒤 각각의 폴에 본체의 홀더들을 끼워준다. 그 후 전면 메인 폴도 후면 메인 폴과 동일한 방법으로 조립한다. 전면 폴과 후면 폴이 교차되는 부분에도 홀더를 끼워준다.

메인 폴과 동일한 방법으로 텐트의 출입구 쪽 슬리브에 서브폴을 결합시킨다. 텐트 내부 천장에 달린 고리에 루프 폴을 결합시키고, 모양을 잡아준다. 마지막으로 텐트 하단부의 고리에 팩을 끼우고 텐트를 지면에 고정시킨다. 본체의 출입구 위치를 확인한 뒤 이너텐트의 방향을 맞춘다. 이너텐트 하단과 상단의 고리들을 본체 하단과 상단의 연결 고리에 걸어준다. 마지막으로 이너텐트 좌우측 웨빙을 조절, 팽팽하게 당겨준다. 마지막으로 출입구 부분을 들어 올리고 끝단의 구멍에 업라이팅 폴을 끼운다. 스트링과 팩을 이용해 업라이팅 폴을 지면에 고정하면 텐트가 완성된다.

캠핑 장비

텐트

파쇄석 위 텐트 설치 유의점

요즘에는 자갈이나 작은 돌, 파쇄석 등을 깔아놓은 캠핑장이 많은데, 파쇄석 위에 텐트를 치면 텐트가 비교적 깨끗하게 유지돼 편하다. 그러나 뾰족한 돌에 끌려 텐트가 파손되기도 한다. 파쇄석 위에서는 야전침대를 사용해 입석으로 생활하면 큰 불편이 없다. 비가 오거나 눈이 왔을 때도 물빠짐이 좋아 편리하다. 야전침대를 쓰지 않고 이너텐트에서 바로 잠을 잘 때는 텐트를 깔기 전에 그라운드시트를 까는 게 좋다. 특히 겨울에는 이너텐트 바닥에 결로가 잘 생기는데, 텐트를 해체하기 전에 바닥을 뒤집어 말려야 하는 불편함이 있다. 그라운드시트를 깔고 텐트를 치면 이런 불편을 줄일 수 있다. 그라운드시트를 깔고 이너텐트를 설치했는데도 바닥이 울퉁불퉁하다면 에어매트나 자충식매트를 깔면 좋다. 파쇄석 위로 차가 지나갔을 때는 바닥을 평탄하게 만들고 텐트를 쳐야 편하게 생활할 수 있다.

타프

사각타프

봄 햇살이 여름 햇살로 바뀌는 시기. 이제부터 그늘막 타프는 꼭 챙겨야 하는 아이템이다. 타프의 사전적 정의는 방수포다. 즉 물이 스며들지 않는 천막인데, 신발을 벗고 드나들어야 하는 텐트와 달리 자유자재로 드나들 수 있는 공간 구성을 의미하기도 한다. 타프는 초창기에는 사각형이 주를 이루다가 최근에는 6각형의 헥사타프, 사방이 막힌 스크린타프 등 종류가 다양해졌다.

　　우선 사각타프를 치는 방법부터 살펴본다. 사각타프와 헥사타프 모두 원리는 동일하다. 타프 칠 자리를 결정하고 중간 지점에 타프를 쭉 편다. 메인 폴대 2개를 조립해서 타프 끝부분(폴대를 꼽을 부분)에 수직으로 길게 뉘어 놓는다. 메인 팩 폴대 끝 좌우 1.5m 지점에 팩을 각각 박는다. 팩은 줄이 당겨지는 방향으로 약 45°나 60°로 기울여 박는 게 좋다. 줄을 팩에 걸고 타프와 메인 폴을 모두 줄로 연결한 다음 폴을 비스듬하게 세워본다. 반대쪽 폴대도 같은 방향으로 세운다. 균형이 잡히도록 팽팽하게 줄을 조절하면서 나머지 사이드 폴을 세우면 된다.

스크린타프

'그늘막'으로 쓰이는 타프는 요즘 텐트의 자리를 위협한다. 그중 텐트의 기능까지 소화하고 있는 것이 '스크린타프'다. 바닥을 뺀 사방이 막혀 있어서 얼핏 보면 텐트처럼 보이기도 한다. 사각타프 아래 모기장처럼 쓸 때도 있고 야전침대를 활용해 텐트처럼 쓸 수도 있어 활용도가 높다.

　　타프의 가장 중요한 임무는 방풍과 차양이다. 바람을 막고 햇빛은 차단해야 하는데, 그러기 위해서는 타프의 방향을 잘 선택해야 한다. 타프의 옆변이 태양이 지나가는 각도와 바람이 불어오는 방향을 향하게 해야 한다. 스크린타프를 칠 때는 뼈대를 먼저 잘 조립해놓아야 한다. 먼저 지붕 모양이 완성되도록 십자폴과 레그폴을 연결한다. 스크린타프의 모양에 맞춰 다리가 되는 폴들을 연결한 뒤 플라이를 씌운다. 요즘에는 스크린타프도 원터치 형식으로 나온 것이 많아 지붕 모양을 먼저 만들고 다리를 연결해 스크린타프 설치를 손쉽게 완성할 수도 있다. 스크린타프에 연결된 스트링을 팩으로 땅과 고정해주면 바람에 견고하게 설치된다.

캠핑 장비

침낭 선택 및 관리

날씨가 쌀쌀해지면 캠핑장비도 하나둘씩 늘어난다. 그중 침낭 선택과 관리는 동계캠핑을 준비하는 첫 걸음이다. 보통 침낭을 선택하는 데는 3가지 요소를 유념해야 한다. 침낭의 타입(머미형:이집트 미라처럼 인간의 체형에 맞게 제작된 침낭 / 사각형:이불과 같은 모양이나 한쪽이나 2개면이 지퍼로 처리된 침낭), 충전재(인조섬유, 오리털, 거위털), 그리고 내한온도(보온온도)이다. 특히 겨울 침낭을 구입할 때는 최저온도 영하 20℃ 내외를 구입하는 것이 좋다. 또 오리털 침낭을 구입할 때는 '필파워'를 확인해보는 것이 좋다. 필파워란 오리털의 복원력을 나타내는데 보통 800~900 내외면 매우 우수한 제품이다.

침낭을 보관할 때는 습기를 유의해야 한다. 외부천이나 내부 충전재에 습기가 남은 채로 보관하면 곰팡이가 생길 수 있다. 침낭 백에 장기간 보관한다면 건조재를 넣어 습기를 예방해야 한다.

다운 소재 침낭 vs 화학 소재 침낭

날씨가 추워질수록 침낭 선택에 고민이 생긴다. 가볍고 부피가 작은 다운 소재 침낭을 사용해야 할까, 아니면 관리가 편한 화학 소재 침낭을 선택해야 할까. 《오토캠핑 매거진》의 황우종 씨에게 조언을 구했다. 황씨는 "다운 소재와 화학 소재는 정반대의 특성을 가지고 있다"고 말한다. 다운 소재는 가볍고 부피가 작지만 화학 소재는 무겁고 부피가 크다. 하지만 관리하기는 화학 소재가 편하다. 다운 소재는 물에 닿거나 빨래를 하면 다운 특유의 기능을 잃고, 보온성도 떨어진다. 하지만 화학 소재는 이불 빨듯이 집에서 빨아도 보온성이 유지되는 장점이 있다. 또 다운 소재는 동물성이기 때문에 수명이 있다. 일정 시간이 지나면 기능을 잃는다. 화학 소재는 관리만 잘한다면 영구 사용할 수 있다. 우리나라 캠핑장은 습도가 높은 곳이 많기 때문에 동물성 침낭을 쓸 경우 진드기 등에 노출되기 쉽다. 그래서 자주 캠핑을 다니는 캠핑객에게는 침낭을 쉽게 빨고 관리할 수 있는 화학 소재 침낭이 더 적합한 경우가 많다.

침낭 관리법

여름캠핑 시즌이 오면 지난 계절 사용한 캠핑장비를 잘 손질해야 한다. 난로 등을 제외한 대부분의 캠핑장비는 사계절용으로 보면 된다. 단 침낭의 경우 잘 관리해야 한다. 특히 한겨울 캠핑의 보온을 책임지는 '다운침낭'은 잘 보관해야 한다. 다운침낭의 보온력은 필파워, 즉 따뜻한 공기를 함유하는 능력에 있다. 제대로 세탁하지 않거나 눌려서 필파워를 잃게 되면 따뜻한 공기를 머금을 수 있는 공간이 사라져 보온력이 크게 떨어진다. 다운침낭은 전문 세탁소에 맡겨 깨끗하게 세탁한 뒤 바짝 말려 보관해야 한다. 가장 좋은 보관방법은 집에서도 사용하는 것이다. 보관할 때는 이불장에 넣어두는 것이 좋은데, 다른 이불들 맨 위에 눌리지 않도록 넣어놓는다. 이불장 공간이 여유롭지 않다면 침낭을 구입할 때 받은 메쉬망에 침낭을 성글게 넣어 보관해도 된다. 일반 합성섬유 침낭은 관리하기 훨씬 더 편리하다. 일반 세탁을 할 수 있는데, 세탁기에 넣기 전에 보풀이 쉽게 일어나는 내피를 안쪽으로 넣어 성글게 묶어 세탁하면 된다. 합성섬유 침낭은 여름에도 사용하기 때문에 미리 보관해놓을 필요는 없다.

캠핑 장비

팩

간절기 팩 사용

날씨가 따뜻해지면서 얼었던 땅이 녹는 시기가 오면 '팩' 사용에 관한 문의가 많다. 어떤 팩을 사용하는 게 좋을까. 사실 계절마다 써야 하는 팩이 정해진 것은 아니다. 계절보다는 땅의 상태에 따라 팩을 선택해서 사용해야 하기 때문인데, 따라서 팩은 텐트와 함께 보관하는 것보다 팩 전용 가방을 만들어 따로 가지고 다니는 것이 좋다. 땅이 얼었을 때는 10cm의 핑거팩을 사용하면 좋다. 그러나 땅이 녹기 시작하면 20cm 길이의 팩을 사용해야 한다. 또 텐트를 살 때 기본적으로 들어 있는 플라스틱팩도 유용하게 쓸 수 있으니 버리지 않고 갖고 다니는 것이 좋다. 플라스틱팩은 모래나 무른 땅에 유용하게 쓰인다.

무른 땅에서 팩 박기

비가 많이 내리는 계절에는 땅이 단단하지 않은 경우가 많다. 또 해변 등 모래밭에서도 팩을 박는 게 쉽지는 않은데, 이럴 때는 특수 팩을 쓰는 것이 좋다. 두께가 얇은 팩보다는 두꺼운 팩을 쓰는 것이다. 흔히 샌드팩이라 부르는 팩은 다른 팩보다 두꺼워 땅에서 줄을 지지하는 힘이 더 크다. 샌드팩은 줄을 거는 부분이 날카롭기 때문에 팩을 먼저 박고 줄을 걸어주는 것이 좋다. 샌드팩이 없을 경우에는 팩 2개를 이용해 모래밭에 줄을 고정시킬 수 있다. 먼저 땅을 파서 팩을 묻는다. 그다음 묻은 팩의 중간 지점 직각 방향으로 또 다른 팩을 세워 박는다. 먼저 묻은 팩이 지지대 역할을 해줘 땅이 단단하지 않을 경우에도 줄을 고정하는 힘이 커진다.

랜턴 종류 및 사용 유의사항

캠핑이 가장 빛을 발하는 시간은 어둠이 깔린 때부터다. 도심의 화려한 조명 대신 한 줄기 고요한 랜턴이 캠핑장을 비추면 비로소 캠핑의 밤이 시작된다. 랜턴은 연료별 사용법이 달라 종류를 숙지하고 있어야 한다. 랜턴은 연료별로 가솔린, 가스, 건전지 랜턴으로 구분한다. 가솔린 랜턴은 다른 연료에 비해 광량이 세고 특유의 연료 타는 소리가 낭만적인 분위기를 자아낸다. 사계절 사용할 수 있지만 맨틀을 끼우고 연료통의 압력을 높이기 위해 펌핑을 해야 하는 등의 불편함이 있다. 가스 랜턴은 부탄가스를 연료로 해 휴대성이 좋다. 그러나 연료가 쉽게 얼 수 있어 겨울철에는 잘 사용하지 않는다. 건전지 랜턴은 크기와 모양이 다양하다. 텐트 및 스크린타프 내부에서는 화기를 일절 사용할 수 없기 때문에 실내에서는 건전지 랜턴이 필수다. 보통 텐트 바깥쪽 양쪽으로 가솔린, 가스 랜턴을 각각 하나씩 설치하고 텐트 내부에서 건전지 랜턴을 사용한다. 이동을 하거나 요리를 할 때는 머리에 쓰고 일을 할 수 있는 헤드 랜턴을 사용하면 편리하다.

캠핑
장비

화로,
그릴

화로, 그릴 사용법

캠핑의 즐거움 중에서는 '불놀이'를 빼놓을 수 없다. 캠핑장을 따뜻하게 감싸주는 모닥불 풍경은 그야말로 낭만 그 자체다. 그러나 주의할 게 있다. 지면에 바로 불을 붙이는 '캠프파이어'는 환경 파괴의 주범이 되기 때문에 지양해야 한다. 나무를 죽이는 균의 포자가 평상시 흙속에 잠자고 있다가 캠프파이어나 취사 행위로 지면 온도가 40~60℃로 올라가면 발아하기 때문이다. 그래서 '불놀이'를 할 때는 반드시 화로와 그릴을 사용해야 한다. 화로는 불을 피울 수 있도록 공간을 만들어주는 역할을, 그릴은 조리를 할 수 있도록 돕는 역할을 한다. 불을 쉽게 피우려면 착화제나 잔가지를 이용하는 것도 좋다. 화로와 그릴을 사용하고 난 뒤에는 재를 제거하고 물로 깨끗하게 씻어 보관한다. 특히 고기를 주로 굽는 그릴에는 재와 함께 기름때가 남아서 사용 후 제거해주지 않으면 다음 사용시 불편을 겪게 된다.

난로 종류 및 주의사항

겨울은 캠핑객에게 가장 낭만적인 계절로 꼽힌다. '3대가 덕을 쌓아야 캠핑장에서 눈을 볼 수 있다'라는 말이 있을 정도다. 그러나 동계캠핑은 추위에 대비해야 하는 만큼 준비해야 할 것도 많다. 텐트는 기본적으로 보온력이 거의 없기 때문에 난방기구를 준비하는 것이 좋다. 난로의 종류로는 연료별로 석유난로, 화목난로, 가스난로로 분류된다. 석유난로는 휴대와 사용이 편리하지만 공기가 쉽게 탁해지는 단점이 있다. 화목난로는 연통을 따로 설치해야 하고 부피도 큰 단점이 있지만 내부 공기가 쾌적하고 사용하기에도 가장 안정적이다. 가스난로는 취사와 난방 모두에 활용할 수 있다. 그러나 어떤 난로라도 잠들기 전에는 반드시 꺼야 한다. 잠든 동안 켜져 있는 난로가 질식사나 화재를 불러올 수 있기 때문이다.

난로 선택

겨울철 캠핑에는 난방기기가 필수다. 요즘에는 난로를 사용하는 캠핑객이 많은데 난로의 특성을 잘 알고 사용하는 것이 좋다. 전기난로는 캠핑장에서 가급적 사용하지 말아야 한다. 전기난로는 전력량이 많아 캠핑장 전체 전기를 다운시키는 경우가 많기 때문이다. 대신 전기담요는 사용 가능하다. 이 외에 가스난로, 등유난로, 화목난로 등을 사용할 수 있다. 보통 LPG 가스를 이용하는 난로를 쓰곤 하는데 사고의 위험이 있어 가스를 잘 다루지 못한다면 사용하지 않는 것이 좋다. 초보캠핑객도 편하게 사용할 수 있는 것이 등유난로다. 요즘에는 차 트렁크에 실을 수 있는 작은 사이즈의 등유난로도 시중에 많이 나왔다. 단, 텐트 내 환기를 잘 시켜줘야 한다. 화목난로는 연통을 따로 설치해야 하는 부담이 있지만 가장 안정적이다. 요즘에는 부피가 작은 제품도 많이 나와 있다. 화목난로의 경우 장작이나 대체 연료 등을 캠핑장 주변에서 구할 수 있는지 확인하는 것이 좋다.

캠핑
장비

캠핑카,
트레
일러

캠핑카·트레일러 비교

요즘 캠핑시장이 성장하면서 캠핑카나 캠핑 트레일러에 대한 관심도 높아지고 있다. 캠핑카나 트레일러는 크게 4가지로 구분할 수 있다. 우선 동력이 있어서 움직일 수 있는 모터홈, 또는 모빌홈이 있다. 흔히 우리가 생각하는 캠핑카로 보면 되는데, 쉽게 움직일 수 있고 공간도 넓어 편리하지만 가격이 비싸다는 단점이 있다. 두번째로는 박스형 트레일러를 꼽을 수 있는데, 자동차와 연결해 가지고 다녀야 하는 단점이 있다. 동력이 없기 때문에 모터홈보다는 가격이 훨씬 저렴하다. 단 자동차 뒤에 따로 달고 다녀야 하기 때문에 운전이 쉽지 않다. 특히 후진 등을 할 때 불편하다. 세번째로는 폴딩 트레일러가 있다. 평소에 접어놓으면 상자 모양이고 펼치면 캠핑 트레일러로 변신한다. 평소에 주차장에 세워두기는 편리하지만 캠핑장에서 매번 트레일러를 펼쳤다가 접어야 하는 불편함이 있다. 마지막으로 트럭 위에 트레일러를 올리는 형식인 트럭캠퍼가 있다. 트럭캠퍼는 트럭 위에 싣고 다니는 캠핑카라고 생각하면 된다. 견인을 하지 않기 때문에 운전도 쉽고 캠핑장에서 캠핑카를 내려놓고 주변을 둘러볼 수 있다.

오캠몰 캠핑가이드 황우종씨는 "어느 정도 여유가 되면 캠핑카를 적극 추천한다"며 "그러나 개인적으로 폴딩 트레일러가 조금 더 자연친화적이어서 선호한다"고 말한다. 폴딩 트레일러는 움직이는 텐트 개념으로 보면 된다. 편리성을 고려하면 트럭캠퍼를 추천한다. 운전하기 편해 여성 캠퍼도 사용할 만하다. 하지만 공간이 적고 반드시 트럭 위에 올려야 한다는 단점이 있다. 캠핑 트레일러는 종류가 다양하고 고가인 만큼 특징들을 잘 비교해 구매해야 한다.

키친 테이블 구성

요리는 캠핑의 빼놓을 수 없는 즐거움이다. 키친 테이블을 따로 갖추면 요리하기 편리하고 또 정리도 쉽다. 테이블, 스토브 거치대, 조리대, 식기 건조 및 수납공간 등을 갖추면 집에 있는 주방 부럽지 않은 공간이 완성된다. 키친 테이블은 분리형과 일체형이 있는데 일체형이 조금 더 쓰기 편하다. 조리대는 음식 재료를 다듬고 손질하는 공간인데 알루미늄, 베니어판, 원목 등이 주된 소재다. 뜨거운 것을 올려놔도 괜찮을 만큼 열에 강한 것이 좋다. 또 테이블 밑에 수납그물이 있으면 식기는 물론 조리도구를 간단하게 수납할 수 있어 편리하다. 스토브 거치대는 자신의 스토브에 맞는 걸 구입해야 한다. 버너가 하나인 원웨이 스토브는 거치대를 사용할 수 없으므로 일반 테이블을 이용하는 게 더 낫다. 테이블에 랜턴 걸이는 필수다. 랜턴 걸이가 없으면 야간에 요리시 조리대 위에 랜턴을 놓고 사용해야 하는데 비좁고 불편하다. 설거지통을 따로 마련하는 것도 좋다. 취사장과 텐트의 거리가 멀 경우 위력을 발휘한다. 급할 경우 설거지통에서 설거지를 바로 할 수도 있고 설거지를 마친 후에는 식기 수납공간으로 활용되기도 한다.

겨울캠핑에 도전한다면

겨울캠핑은 낭만적이지만 위험도 따른다. 겨울철에는 돌풍, 한파, 폭설 등 예기치 못한 상황이 자주 발생하기 때문이다. 겨울에 생애 첫 캠핑에 도전하는 것은 위험하다. 겨울에만 캠핑장을 여는 펠렛캠프는 동계캠핑 주의사항을 동호회원에게 알려준다. 초보 캠퍼라면 '뭉치면 산다'는 법칙을 따르는 것이 좋다. 돌발 상황이 발생했을 때 도움을 받을 수 있는 캠퍼와 함께 가는 것이 안전하기 때문이다. 인터넷 동호회 등에서 경험이 많은 캠퍼를 주축으로 열리는 단체캠핑에 참가하는 것이 제1의 안전수칙이다. 선배 캠퍼와 다니다보면 아웃도어에 관한 기본 지식도 배울 때가 많다. 또 겨울철 캠핑장비는 취사선택이 중요하다. 난방 장비는 꼼꼼히 챙기되 여분의 테이블이나 부피가 큰 의자 등 불필요한 짐은 줄이는 것이 좋다. 캠핑장 선택도 신중해야 한다. 전기를 사용할 수 있는 캠핑장인지, 등유나 장작 등 난방 연료를 현지에서 구할 수 있는지도 미리 알아보는 것이 좋다.

겨울캠핑 유의점

스노캠핑은 낭만적이지만 주의해야 할 것도 많다. 갑작스럽게 눈이 내릴 경우 1~2시간 간격으로 텐트 위의 눈을 털어내야 한다. 하룻밤 사이 1m 가량 눈이 쌓일 때도 있는데 텐트가 무너지는 사고가 종종 발생한다. 텐트 밖 환기구멍에도 신경을 써야 한다. 텐트 안에서 난방을 할 경우 텐트 플라이가 눈에 파묻혀 질식사고로 이어지기도 한다. 난로나 가스랜턴 등은 잠들기 전에 소등하는 것이 가장 안전하다. 겨울철에는 음식 재료를 미리 손질해오는 것이 좋다. 동파 때문에 개수대를 사용할 수 없는 캠핑장도 많기 때문이다. 현지 특산물로 식재료를 준비하는 것도 좋은 방법이다. 특별한 캠핑 요리를 할 수도 있고 지역 경제에도 도움을 줄 수 있다.

추위에 대비하기

겨울캠핑에서 가장 큰 고민은 아무래도 '추위'에 대비하는 일이다. 흔히 '동계형' 텐트가 따로
있다고 알고 있지만 따로 계절별 텐트가 출시되는 것은 아니다. 텐트 본체를 덮는 지붕인 '플
라이'에 따라 여름용과 겨울용에 맞춰 쓸 수 있다. 플라이 하단에 '스커트'를 덧대 바람이 텐
트 밑으로 들어오는 것을 막아주는 제품이 겨울용으로 사용하기에 바람직하다. 반대로 여름
용 플라이는 하단이 뚫려 통풍이 잘 되는 것이 좋다. 텐트는 전실과 침실이 함께 구성되는 거
실형 텐트가 겨울에 쓰기 더 편하다. 난로 및 조리기구를 텐트 안에 설치할 수 있기 때문이다.
화로나 그릴은 텐트나 타프 안에서 사용하지 않는 게 좋다. 만약의 화재 사고에 대비해 소화
기를 갖고 다니는 것이 바람직하다. 자기 전에는 난로를 끄는 게 화재 예방 및 질식사 방지에
도움이 된다. 겨울철 바닥 냉기를 줄이려면 야전침대를 사용하는 것이 좋다. 두툼한 침낭과
핫팩을 사용하는 것도 겨울밤을 따뜻하게 보내는 데 도움이 된다. 핫팩이 없다면 1.5L 페트
병에 70~80℃의 뜨거운 물을 넣은 뒤 수건으로 감싸서 사용해도 된다.

겨울캠핑시 유용한 법칙

겨울캠핑은 혹한과 강풍에 대비해야 한다. 그런데 몇 가지 간단한 법칙만 숙지하고 있어도 훨씬 편하게 동계캠핑을 즐길 수 있다. 우선 야영지에 도착하면 텐트를 치기 전에 옷부터 챙겨 입어야 한다. 상하의 모두 우모복(거위나 오리털을 소재로 하는 다운의류)을 입으면 가벼우면서도 보온에 효과적이다. 모자와 장갑도 갖춰야 체온 손실을 막을 수 있다. 옷을 다 입으면 그 다음에 텐트를 친다. 바람이 심할 경우 폴을 조립하기 전에 팩부터 박아 텐트를 고정시켜 놓는 것이 좋다. 팩을 박을 때는 지면과 45° 각도로 설치해야 강풍에도 쉽게 빠지지 않는다. 매우 추운 겨울에는 땅이 얼어 일반 팩이 들어가지 않기 때문에 동계용 팩을 따로 준비해야 한다. 텐트를 다 치고 나면 우모화 등 체온을 유지시켜주는 실내용 장비를 챙긴다. 신고 온 등산화는 비닐에 싸서 텐트 안에 넣어둬야 한다. 잠이 들기 전에는 물통에 있는 물을 미리 버너에 넣어놓는다. 물통에 그냥 물을 넣어두면 다음 날 얼기 때문에 사용하기 불편하다. 버너에 넣어놓은 물은 다음 날 얼은 상태에서 바로 열을 가해 조리에 사용할 수 있다. 다음 날 아침에 갈아입을 옷과 마실 물, 부탄가스 등도 얼지 않도록 발밑에 넣어두고 자는 것이 좋다.

겨울 사이트 구축 요령

겨울철에는 바닥이 꽁꽁 얼어 콘크리트처럼 단단해질 때가 많다. 이럴 때는 여름철에 썼던 팩을 쓰면 구부러지거나 부러지기 십상이다. 땅에 전혀 박히지 않을 때도 있다. 겨울철에는 길이 10~11cm 정도 되는 핑거팩을 쓰면 좋다. 일반 팩보다 훨씬 단단해 겨울철 언 땅에 사용할 수 있다. 핑거팩이 없을 경우 일반 철물점에서 판매하는 콘크리트못 중 긴 것을 사용해도 된다. 단 텐트를 철거할 때 못을 모두 제거해야 한다. 못을 남겨둘 경우 다음 캠퍼에게 피해를 주기 때문이다. 겨울철에는 타프를 권장하지 않는다. 구조상 스트링(줄)이 길어 바람에 취약하기 때문인데, 겨울철에도 사랑방 목적으로 타프를 사용해야 한다면 줄에 야광스티커 등을 붙여놓아야 한다. 어린이들이 밤에 돌아다니다가 타프 스트링에 걸려 넘어지는 사고가 자주 일어나기 때문이다.

겨울캠핑을 따뜻하게, 바닥공사

캠퍼들은 깔고 자기 위한 조건을 만드는 것. 쉽게 말해 침대, 매트를 구성하는 것을 '바닥공사'
라고 부른다. 겨울에는 특히 중요한 부분이다. 우리나라 캠퍼들이 특히 겨울철 캠핑을 즐긴다
고 한다. 한국의 겨울은, 특히 산속이라면 영하 20℃까지 내려가는 경우도 많기 때문에 단단
히 준비해야 한다. 일단 매트를 잘 깔아야 한다. '발포매트'라는 것은 습한 공기를 막아줘 편리
하다. 하지만 겨울철에 온기를 제공하지는 못해서 겨울캠핑엔 부적격이다. '사계절매트'라고
불리는 것은 매트의 상, 하단에 방수 처리가 되어 있다. 습기와 냉기를 막아주고 두께도 발포
매트보다 두 배나 두꺼운 1cm다. 따라서 냉기를 막아주는 효과가 있다. 겨울철 강력한 무기로
는 '보일러매트'가 있다. 물을 끓여서 매트 아래로 강제순환시키는데, 배터리가 내장된 모터가
있어서 이틀 정도는 전기가 없어도 따뜻하게 지낼 수 있다. 이밖에도 전기요를 사용하거나 집
에서 쓰던 장판을 가져가기도 한다. 캠핑장에 대부분 전기가 들어오기 때문이다. 겨울철에는
기본 캠핑장비 외에 난방용 장비가 추가되므로 안전사고에도 유의해야 한다.

겨울철 텐트 실내 구성

겨울철에는 텐트 구성에 제약을 받을 수밖에 없다. 타프를 별도로 설치해 부엌으로 사용할 수
없기 때문이다. 3~4인의 가족이 캠핑을 간다면 겨울에는 거실형 텐트 안에 이너텐트를 별도
로 설치해 공간을 분리하는 것도 좋다. 김영미씨 가족은 이너텐트로 침실과 거실 공간을 나눴
다. 거실에는 테이블과 의자 높이를 낮추고 동선을 최소화했다. 김씨는 "겨울에는 텐트 내부
공간이 좁아지기 때문에 가구를 낮추는 게 넓게 쓰는 방법이 되기도 하더라고요"라고 말한다.
버너 등 조리기구는 테이블에 설치하고 거실용 난로는 화재 위험을 대비해 보호철망을 주변에
설치했다. 아이들이 난로를 넘어뜨리거나 실수로 난로에 부딪혀 화상을 입는 것을 방지하기
위해서다. 텐트 내부 습도를 조절하기 위해 난로 위에는 물을 담은 냄비나 주전자를 올려놓는
다. 이너텐트 바닥에는 전기장판이나 스팀장판을 설치해 난방을 따로 해주는 것도 좋다.

겨울

눈 위에 텐트 치기

눈이 이미 어느 정도 쌓인 곳에서 텐트를 치는 것은 낭만적이지만 보통 불편한 일이 아니다. 우선 어떻게 텐트를 칠 것인지 결정해야 한다. 리빙쉘(거실형 텐트)을 치고 내부에 이너텐트를 설치할 거라면 바닥공사를 하기 전에 눈을 어느 정도 쓸어내야 한다. 텐트 내부에서 난방을 하면 바닥에 있던 눈이 녹기 때문에 땅을 질퍽하게 만들 수 있다. 바닥공사를 하지 않고 야전침대를 사용하면 눈을 치우는 부담이 적다. 날씨가 춥다고 텐트 하단의 스커트를 눈속에 파묻는 것은 위험하다. 텐트 내부의 환기구멍을 차단하기 때문이다. 스커트를 통해 환기가 될 수 있도록 설치해야 한다. 텐트 스트링을 고정하는 팩은 평소보다 길고 튼튼한 것을 사용해야 한다.

겨울 바닷가에서 야영하기

겨울에는 추위도 문제지만 바람도 큰 적이 된다. 텐트를 치는 것 자체가 힘이 든다. 우선 캠핑을 하기 전에 판단을 잘 내려야 한다. 텐트의 풍압과 내수압을 체크해 궂은 날씨에도 야영을 할 수 있는지 결정해야 한다. 텐트를 치기로 결정했으면 폴을 조립하기 전에 팩부터 박아서 텐트를 지면에 고정시켜 놓는 것이 좋다. 대충 사이트를 구축해놓고 텐트의 모양을 잡으면서 팩을 다시 단단하게 박는다. 바닷가에 텐트를 칠 때는 30cm가 넘는 긴 팩을 사용하는 것이 좋다. 모래 깊숙이 팩을 박아야 하기 때문이다. 바람이 심할 경우에는 텐트를 고정하는 스트링도 팩과 함께 지면에 묻는 것이 좋다. 야영중에 기상이 악화돼 안전에 위협을 느끼면 즉시 철수하는 것이 좋다. 텐트는 폴을 분리해 몸체를 가라앉힌 뒤 무거운 물체로 받혀놓고 날이 밝으면 텐트를 철수하는 것이 안전하다. 겨울 바닷가에서 캠핑하는 것은 쉬운 일이 아니기 때문에 초보일 경우 야영을 많이 경험한 캠핑객과 함께하는 것이 좋다.

겨울과 봄 사이 '2월 캠핑' 주의사항

봄캠핑은 겨울캠핑을 준비해서 다녀야 한다. 옷은 여름 되기 전까지는 우모복 등을 꼭 챙겨가야 한다. 입고 가는 것은 얇게 입고 가더라도 한겨울 추위에 대비해야 한다. 핫팩 등 보온용품도 차에 실어놓는 것이 좋다. 난방도 중요하다. 2~3월에는 영동 지방에 폭설이 잦기 때문에 텐트 내부에 난방을 해두는 것이 좋다. 눈이 갑자기 오더라도 텐트 안에 난방을 해두면 텐트 위로 쌓인 눈이 바로 녹기 때문이다. 날씨가 따뜻해졌다 해서 내부에 난방을 안 할 경우 폭설이 오면 텐트 위에 눈이 쌓여 텐트가 붕괴되는 사고로 이어진다. 봄에는 텐트 팩을 잘 사용하는 것도 중요하다. 밤사이 땅이 얼기 때문이다. 특히 팩이 땅과 함께 얼어서 텐트 철거시 애를 먹기 일쑤다. 팩을 쉽게 철거하려면 팩을 박을 때부터 완전히 땅에 박지 말고 팩 윗부분을 조금 남겨놓는 게 좋다. 캠핑이 끝나고 텐트를 철거할 때 위에 남겨진 팩을 땅에 다시 두들겨 박으면 팩 주위에 얼어붙었던 땅과 얼음이 깨진다. 이때 다시 팩을 위로 잡아당기면 손쉽게 팩을 제거할 수 있다.

간절기 캠핑 주의사항 및 에티켓

간절기 캠핑에는 난로를 24시간 쓰지 않기 때문에 그을음에 주의해야 한다. 심지가 제대로 탈착되지 않으면 텐트 전체에 그을음이 생길 수 있다. 간혹 텐트를 아예 못 쓰는 경우도 발생한다. 또 날이 따스해지면 캠핑장에서 화로를 많이 쓰는데 자기 전에는 불씨를 꼭 확인해야 한다. 간혹 불씨가 살아나 화재사고로 이어지는 경우도 생긴다. 봄캠핑부터는 아이들의 활동영역이 늘어난다. 캠핑장 이곳저곳을 뛰어다니기 때문에 주의해야 할 것이 많다. 특히 텐트나 타프를 고정시키기 위해 매놓은 줄에 걸려 넘어지는 사고가 자주 발생한다. 어두운 밤에는 아이들이 움직일 때 주의를 시켜야 한다. 또 단체캠핑을 왔을 경우에는 취침시간을 정해놓고 지키는 것이 좋다. 간혹 흥에 겨워 밤새 유흥을 즐기는 캠핑객이 있는데 밤 11시 이후에는 조용한 시간을 지켜주는 에티켓이 중요하다. 장비가 부족할 경우 캠핑장에서 서로 빌려주는 일도 많은데 빌려간 장비는 꼭 되돌려줘야 한다.

봄

봄캠핑 준비하기

날이 포근해졌다. 겨우내 쓰기 힘들었던 화로와 화로테이블이 다시 캠핑장에 등장했다. 봄볕을 즐길 수 있도록 야외 공간을 넓히는 게 좋다. 겨울 동안 난방을 중심으로 텐트 안으로만 제한되던 동선이 길어지는 건데, 부엌과 테이블, 의자 등도 슬슬 텐트 밖에 구성해보는 게 좋다. 난방은 밤에 한기를 없앨 정도로만 축소해도 좋다. 전문가들은 부피가 크고 화력이 센 제품보다 작고 효율적인 난로를 쓰는 것을 추천한다. 다음 겨울에 쓸 난로는 잘 손질해서 보관해 놓아야 한다. 화목난로의 경우 녹이 스는 것을 방지해주는 스프레이 등 방청제품을 이용해 깨끗하게 손질한다. 등유난로는 내부에 있는 연료를 모두 소진시켜 깨끗한 상태로 보관하는 것이 좋다. 연료가 다 마를 때까지 난로를 때거나 기구를 이용해 등유를 다시 모두 꺼내는 방법이 있다. 등유난로의 심지는 그을림이 난 부분을 가위로 잘 손질해두면 다음 겨울캠핑에 바로 쓸 수 있기 때문에 편리하다.

봄맞이 캠핑, 겨울장비 보관관리법

이제 겨울이 물러가고 봄맞이 캠핑을 떠날 때가 됐다. 사실 텐트 등 캠핑장비는 사계절용이라 생각하면 되는데, 그중 겨울장비로 분류하는 것이 '난로'다. 캠핑장은 4월에도 밤에 기온이 많이 내려가기 때문에 난로를 미리 넣어둘 필요는 없다. 4월까지는 차에 갖고 다니다가 추운 날에 피면 유용하다. 요즘에는 등유난로, 가스난로, 화목난로 등 종류가 매우 다양해졌다. 장비를 소모품이라 여기고 편안하게 다뤄도 되지만 난로 등은 깨끗하게 잘 관리하면 다음 겨울에 쓰기 편하다. 등유난로는 연료를 다 소모한 뒤 보관해야 한다. 등유가 탱크에 남아 있을 경우 썩으면 고약한 냄새가 나기 때문이다. 등유를 다 태우지 못했다면 펌프를 거꾸로 넣어 탱크에서 등유를 도로 빼내면 된다. 화목난로는 그을음이나 재 등을 탈탈 털어 보관하면 되는데, 혹시 그을음이 심한 곳이 있다면 방청제를 발라둔다. 방청제는 금속 표면에 녹이 스는 것을 방지하기 위해 사용하는 물질인데, 그을린 곳이 수분과 만나면 녹으로 변하기 때문에 방청제를 발라두면 녹이 스는 것을 방지할 수 있다.

시원하고 안전한 캠핑

무더운 찜통 더위에 조금 더 시원하게 캠핑을 할 수 있는 방법은 없을까? 캠핑 전문가들은 그늘을 찾아 무턱대고 나무 밑에 텐트를 치는 것은 위험한 행동이라고 말한다. 돌풍이 불면 나뭇가지가 부러져 텐트 위로 떨어질 수 있기 때문으로, 텐트 손상은 물론 사람도 다칠 수 있다. 또 나무 위에서 해충이나 새들의 분비물이 떨어질 수 있어 나무 바로 밑은 피하는 것이 좋다. 또 여름에 사이트를 구축할 때는 되도록 강을 건너지 않도록 해야 한다. 폭우가 쏟아지면 고립되기 때문이다. 평지에 사이트를 구축할 때는 텐트 남쪽에 나무나 구조물 등 그늘이 생길 만한 것이 있으면 좋다. 해가 동쪽에서 남쪽 하늘을 지나 서쪽으로 지기 때문인데, 구조물의 북쪽에 텐트를 치면 그늘이 자연스럽게 생기면서 조금 더 시원하게 캠핑을 할 수 있다. 하지만 텐트 아래라도 한여름에는 매우 뜨겁기 때문에 낮에는 더위를 잊을 수 있는 아웃도어 활동을 즐기고 저녁에 텐트 안에서 생활하는 것이 좋다.

여름 텐트 선택도 중요하다. 보통 우리나라는 여름용, 사계절용 텐트 2개 제품이 많이 쓰이는 편이다. 여름용은 플라이가 짧고 천장 부분이 그물망으로 돼 있다. 통풍에 신경을 쓴 제품이지만, 우리나라는 여름에 소나기가 잦기 때문에 여름용 텐트만 가지고 다니면 위험하다. 사계절용 텐트나 타프를 같이 가지고 다니는 게 좋다. 텐트를 고를 때는 내수압을 고려해야 한다. 내수압은 물에 견디는 정도를 말하는 것으로, 보통 내수압이 높은 것이 비싼 제품이지만, 방수 처리는 천에 열을 가하는 것이기 때문에 천 자체가 더 약해질 수 있다. 전문가들은 보통 내수압 1500mm 이상이면 비가 새는 일이 없다고 조언한다.

여름

우중캠핑

여름캠핑에서는 '비'가 빠질 수 없다. 일부러 빗소리를 들으러 우중캠핑을 떠나는 캠핑객도 있을 정도다. 그러나 악천후가 이어지면 주의해야 할 것도 많다. 텐트를 언제 치고 언제 걷어야 하는지 아는 이가 캠핑 고수라고 불린다. 비나 눈은 캠핑을 낭만적으로 만든다. 그러나 '바람'은 피해야 한다. 캠핑의 적은 '바람'이다. 태풍주의보가 발령됐을 때에는 캠핑을 떠나면 안된다. 평소 맑을 때도 계곡 근처에서 캠핑할 경우 사이트 구축을 잘 해야 한다. 경치가 좋다고 계곡 너머 안쪽에 텐트를 치면 갑작스런 폭우에 고립될 수 있다. 또 물이 고였던 흔적이 있는 곳에는 텐트를 쳐서는 안 된다. 가느다란 팩보다는 넓은 팩을 사용한다. 지반이 땅 때문에 약해져 있는 경우에는 텐트와 연결된 스트링을 나무나 큰 바위 등에 묶는 것도 좋다. 비가 내리고 있는데 텐트를 쳐야 한다면 타프를 먼저 설치하고 그 아래 장비들을 내려놓은 뒤 텐트를 치면 조금 더 편하다.

해충 피하기

여름캠핑의 난관은 아무래도 불빛을 보고 달려드는 벌레와 곤충이다. 들살이를 즐기는 사람도 막무가내로 달려드는 날곤충이 반갑지만은 않은데, 랜턴의 강약 조절만 잘해도 어느 정도 날벌레를 피할 수 있다. 먼저 밝은 랜턴과 조금 덜 밝은 랜턴을 준비한다. 광량이 적은 랜턴은 텐트 안에, 밝은 랜은 텐트에서 5~6m 떨어진 바깥에 설치한다. 불빛을 보고 달려드는 나방 등은 더 밝은 등에 몰려들게 된다. 이때 랜턴 밑에 물을 받아놓으면 벌레들이 그 속에 빠지는 효과도 있다. 또 낮에 활동을 원활하게 하기 위해서는 몸에 바르는 모기약을 챙기는 것이 좋다. 꺼리는 사람들도 많지만 바르는 모기약에는 '시트로넬라'라는 천연 재료가 들어 있어 몸에 해롭지 않다. 또 모기장으로 활용 가능한 스크린타프 등을 사용하면 편하다. 텐트 안에서는 건전지 모기향을 쓰면 화재의 위험이 없다. 또 캠핑장 인근의 숲을 다닐 때에는 피부가 드러나는 신발보다는 등산화 등을 착용하는 것이 좋다. 뱀이 갑작스럽게 나타날 수 있기 때문이다. 등산스틱을 가지고 다니면서 숲을 미리 툭툭 건드리고 다니면 뱀이 알아서 먼저 피한다.

가을캠핑 1

가을캠핑은 겨울에 준하는 준비를 해야 한다. 낮과 밤의 기온차가 크기 때문에 다운재킷 등 방한의류를 챙기는 것이 좋다. 요즘 캠핑장은 전기 사용이 가능하므로 전기장판 등을 가지고 다니면 편리하다. 핫팩 등도 준비해두면 갑자기 기온이 내려갔을 때 요긴하게 쓸 수 있다. 또 잠들기 전에 침낭 안에서는 양말을 벗고 자는 편이 더 따뜻하다. 양말 속에 있던 수분이 밤이 되면 식어 체온이 내려가기 때문이다. 가을철 텐트 치는 법은 여름과 동일하다. 바람이 많이 분다고 텐트 스카프 등을 흙이나 낙엽 등으로 묻으면 환기가 안 돼 텐트 속 공기가 탁해진다. 특히 텐트 안에서 난로를 필 경우 텐트의 틈새를 모두 막아버리면 질식 사고로 이어질 수 있다.

가을캠핑 2

텐트, 침낭, 매트리스 중 캠핑에서 가장 중요한 요소는 무엇일까? 텐트 없이 침낭만으로는 잘 수 있지만 침낭 없이 텐트만으로는 잘 수 없다. 마찬가지로 침낭 없이는 자도 매트리스 없이는 잘 수 없다. 그만큼 바닥의 한기를 막는 매트리스의 역할이 중요하다. 가을부터는 기본 발포매트리스를 꼭 챙겨야 한다. 전기장판을 사용해도 매트리스가 없다면 장판의 열기를 바닥에 빼앗겨 추위에 고스란히 노출된다. 일교차가 큰 가을에는 난로 없이 밤을 나기가 어렵다. 난로의 종류에는 화목난로, 등유난로, 가스난로가 있다. 요즘 캠핑장에서는 등유난로를 많이 쓰는데, 거실형 텐트를 쓸 경우 5400cal(칼로리) 정도 열을 내는 등유난로를 사용한다. 텐트가 더 작거나 추위를 덜 느낄 경우에는 더 낮은 기준으로 등유난로를 준비하면 된다.

텐트 설치할 때 유용한 매듭

텐트를 설치할 때 '줄'은 폴대와 땅을 이어주는 중요한 역할을 한다. 그런데 줄을 일반 매듭으로 묶어놓으면 텐트를 해체할 때 여간 불편한 것이 아니다. 힘을 많이 받으면서도 매듭을 쉽게 풀 수 있는 매듭법을 소개한다. 우선 폴대를 중심으로 줄을 양손에 각각 잡는다. 오른쪽 줄을 뒤로 돌려 동그라미 모양을 만든다. 이번엔 왼쪽 줄을 뒤에서 돌려 오른쪽 동그라미 안으로 집어넣는다. 동그라미에서 뺀 왼쪽 줄은 오른쪽 줄 아랫부분에서 뒤로 다시 감아올린다. 감아올린 왼쪽 줄을 동그라미 위에서 아래로 한 번 더 집어넣는다. 그대로 오른쪽 줄을 잡아당기면 매듭이 완성된다. 이렇게 만든 매듭은 양쪽에서 팽팽하게 잡아당길수록 단단하게 고정된다. 매듭을 풀 때는 오른쪽 줄을 위에서 밀어 올려주면 가볍게 매듭이 풀린다. 더 쉽게 매듭을 풀고 싶으면 똑같은 방법으로 매듭을 묶다가 마지막 왼쪽 줄을 오른쪽 동그라미 위에서 넣을 때만 달리하면 된다. 왼쪽 줄에도 매듭을 만들어 고정시키면 풀 때 그 매듭 부분의 줄만 당겨도 쉽게 풀린다.

타프 설치시 유용한 매듭법

타프를 설치할 때는 폴대 양쪽에서 줄을 고정해야 할 경우가 많다. 줄을 폴대에 잘 고정하면 타프를 더 안정적으로 설치할 수 있다. 양쪽에서 힘을 가할수록 단단해지는 매듭법을 소개한 다. 먼저 줄 가운데를 폴대 뒤쪽에 걸친다. 왼쪽 줄을 아래에서 위로 올려 폴대에 감는다. 오른 쪽 줄은 위에서 돌려 아래로 꼬듯이 폴대를 감는다. 양쪽 줄을 팽팽하게 당길수록 매듭은 단단 해진다. 풀때는 양쪽 줄을 가운데로 밀어올리면 단단했던 매듭의 힘이 쉽게 풀린다. 양쪽 줄을 가운데로 밀면서 폴대 위로 살짝 빼듯이 올려 빼준다.

스트링으로 스토퍼 만들기

텐트나 타프를 땅에 고정시킬 때 줄을 팽팽하게 하는 도구로 '스토퍼'를 많이 사용한다. 스토퍼 가 없을 경우 줄(스트링)만으로 스토퍼를 만들 수 있는 매듭법을 소개한다. 먼저 팩에 고정할 줄 을 둥글게 말아 오른손에 잡는다. 오른쪽 줄을 왼손에 잡고 있는 줄 뒤에 갖다놓는다. 왼손 줄을 위에서 아래로 돌려 오른쪽 매듭을 감는다. 매듭을 감으면 아래쪽에 또 하나의 둥근 매듭이 생 긴다. 아래쪽에 생긴 매듭에 줄 끝을 통과시켜 또 하나의 고리를 만든다. 이 고리를 팩에 고정시 키고 줄 끝을 팽팽하게 당긴다. 팽팽하게 고정한 줄 끝은 다시 한번 매듭을 줘서 고정시킨다.

모닥불

파이어 스타터 만들기

캠핑의 즐거움 중 하나로 불놀이, 즉 모닥불 피우기를 꼽는 캠핑객이 많다. 그러나 모닥불을 피우기가 생각보다 쉬운 것은 아니다. 처음부터 장작을 쌓고 가스 토치로 불을 붙이다가는 그을음만 생기다 꺼지는 경우도 많다. 이럴 때 집에서 간단한 파이어 스타터를 만들어 캠핑장에 가져가면 좋다. 파이어 스타터는 말 그대로 불을 붙이기 위한 촉발제인데, 신문지와 양초를 이용해 손쉽게 만들 수 있다. 먼저 신문지를 접어 손가락 3개 정도 크기로 말아 노끈으로 고정시킨다. 그 뒤 주전자에 양초를 넣고 열을 가해 양초를 녹인 뒤 말아놓은 신문지를 담근다. 양초액에 약 2~3분간 담가뒀다가 말리면 파이어 스타터가 완성된다. 모닥불을 피울 때는 잔가지와 장작더미 속에 불을 붙인 스타터를 넣어준다. 가스 토치를 따로 사용하지 않아도 스타터 혼자 약 5분간 타오르기 때문에 손쉽게 불을 피울 수 있다.

캠핑장 요리

캠핑장에서 바로 해먹는 요리는 캠핑의 묘미다. 화로를 이용한 요리는 슬로푸드가 적합하다. 더치오븐 등을 이용해 찜, 스튜 등 오랜 시간 조리해야 할 때 유용하다. 또 바비큐 등 숯불요리 도 화로에서 바로 해 먹을 수 있다. 그 외에 빠르게 조리해야 하는 요리는 스토브를 이용한다. 간단히 해먹을 수 있는 라면, 카레 등은 물론이고 스파게티, 탕, 전골 등 다양한 캠핑요리를 즐기는 캠핑족도 많다. 캠핑장에서 요리를 편하게 하려면 재료는 미리 집에서 손질해오는 것이 좋다. 껍질이 있는 식재료의 경우 손질 과정에서 쓰레기가 많이 나오기 때문이다. 양념은 되도록 동일한 크기의 용기에 각각 담는 게 좋다. 수납하기에도 편리하고 양념을 빠트리고 오는 실수도 적어지기 때문이다. 캠핑장 근처 특산물이 있다면 특산물을 활용한 요리를 하는 것도 좋다. 아침은 뜨끈한 국물요리를, 점심은 남은 재료를 활용한 볶음밥이나 주먹밥 등을, 저녁은 화로에서 해 먹는 요리로 식단을 미리 구성해 놓으면 편리하다.

백패킹

백패킹 기본 준비

캠핑붐이 일기 시작한 것은 오토캠핑, 즉 차에 캠핑장비를 싣고 야영을 하기 시작하면서부터다. 그러나 이미 '야영생활에 필요한 장비를 갖추고 떠나는 등짐여행', 즉 '백패킹(backpacking)'은 등산과 트레킹이 복합된 레저 스포츠로 사랑을 받아왔다. 요즘 다시 캠핑객들 사이에 '백패킹'이 각광을 받고 있다. 자동차 없이 자연과 더 가깝게 지낼 수 있기 때문이다. 우선 배낭에 장비를 모두 실어야 하기 때문에 부피가 작고 무게가 가벼운 제품을 준비하는 것이 좋다. 특히 배낭 무게를 좌우하는 텐트, 침낭, 코펠 선택이 중요하다. 텐트는 2~3kg 정도 나가는 초경량 텐트를 구입하는 것이 좋다. 내수압이 높고 찢김에 강한 텐트인지도 잘 살펴야 한다. 자동차 없이 캠핑을 갔을 경우 텐트가 손상되면 캠핑을 할 수 없기 때문이다. 최근에는 힐레베르그, 럭스 등 다양한 업체의 1~2인용 텐트가 인기 있다. 매트리스도 부피를 줄일 수 있는 자충식 매트리스를 준비하는 것이 좋다. 평소에는 부피가 줄어 있다가 뚜껑을 열어놓으면 공기가 자동으로 들어가는 매트리스도 출시되고 있다. 취사도구도 초경량 제품이 시중에 출시돼 있다. 트란지아의 경우 버너와 코펠이 세트로 구성된 솔로용 취사도구를 내놓았다.

반달곰 장홍익 사장이 전하는 캠핑 주의사항 및 에티켓

분지울작은캠프장 장홍익 사장은 매주 캠핑을 다니던 캠핑 마니아였다. 장 사장이 직접 캠핑 시 유의사항을 당부했다. 우선 동계캠핑에 와서 난방으로 '차콜' 연료를 사용할 때 텐트 내부에서 사용하지 말 것을 조언한다. 백탄(차콜이 하얗게 변한 것)은 유해가스가 나오지 않을 거라 생각해 내부에서 사용하면 100% 질식사고로 이어진다는 것이다. 또 참나무 장작이나 밤나무 장작을 연료로 사용할 때 연기를 너무 많이 맡으면 며칠간 두통이 이어질 수 있으니 환기에 특별히 유의하라고 당부한다. 또 전기난방기구는 전기요 정도만 사용할 것을 조언한다. 전기히터가 전력량이 많다보니 캠핑장 전체 전력 수급에 문제가 생길 수 있기 때문이다. 다른 캠핑객의 편의까지 생각하는 게 캠핑 에티켓의 시작이라는 것이다. 또 캠핑을 매주 다닌다면 가족캠핑, 동호회캠핑 등 테마를 가질 것을 조언한다. 한 달에 한 번 정도는 다른 캠핑객과 어울리며 정보를 교환하고 친목을 도모하는 게 좋다. 또 아이들은 바깥에서 뛰어놀 수 있도록 집에서 즐기던 게임기 등을 가져오지 않는 것도 좋다고 당부한다. 썰매타기, 팽이치기 등 어른과 아이들이 함께 즐길 수 있는 전통놀이를 추천한다.

노하우

캠핑장 주의해야 할 사건 사고 1

야외에서 하룻밤을 청하는 캠핑은 사건 사고에도 주의해야 한다. 자주 일어나는 캠핑장 사건 사고를 정리했다. 첫째로 많이 일어나는 사건 사고는 '가스 폭발' 사고다. 캠핑장에서 주로 사용하는 이소부탄가스는 영하 10℃에서까지 사용할 수 있다고 하지만 실제 실험 결과 영하 5℃에서도 무용지물로 나타났다. 부탄가스의 온도를 높이기 위해 데우는 과정에서 폭발 사고가 자주 일어난다. 사고를 예방하기 위해서는 이소부탄은 사용하기 전 텐트 안 천 속에 넣어두는 것이 좋다. 또 한겨울에는 가솔린 랜턴과 스토브를 사용하는 것이 보다 안전하다. 두번째로는 바람과 관련된 사고가 잦다. 봄철에는 바람 방향이 바뀌거나 갑자기 돌풍이 불 때가 있다. 바람에 팩이 뽑혀 장비나 차를 훼손하는 것은 물론 사람이 해를 입을 수도 있다. 봄철 바람에 대비하기 위해서는 30cm 이상의 긴 팩을 사용해 땅에 깊이 박는 것이 좋다. 또 타프의 스트링을 최대한 길게 설치하면 바람의 힘이 분산되기 때문에 갑작스런 봄바람에 대비할 수 있다.

캠핑장 주의해야 할 사건 사고 2

캠핑장에서 두 번째로 많이 일어나는 사고는 '화로'와 관련된 사고다. 봄이 되면서 텐트 바깥으로 활동영역이 넓어지면서 화로가 다시 생활의 중심이 된다. 하지만 봄에는 땅이 건조하고 풀이 말라 있기 때문에 화재가 자주 발생한다. 화로의 불똥이 조금만 날려도 불이 붙기 십상이다. 봄철에는 소형 화로보다 대형 화로를 사용하고 화로 주변에 물을 충분히 뿌려두는 게 좋다. 또 아이들이 화로 주변에서 사고를 당하지 않도록 주의해야 한다.

아이들과 캠핑할 때 주의할 점

어린이에게는 성인용 캠핑의자를 사줘야 할까? 아니면 낮고 작은 캠핑의자를 사줘야 할까? 황우종 오캠몰 캠핑가이드는 "어린이에게도 성인용 의자를 사줘야 한다"고 조언한다. 식당에서 사용하는 어린이 의자는 일반 의자보다 높다. 테이블 높이에 맞추기 위해서이다. 키가 작은 아이들이 낮은 의자를 쓸 경우 테이블 높이와 맞지 않아 불편할 수 있다. 그런데 이때 주의해야 할 점이 있다. 바로 '릴렉스체어'다. 릴렉스체어는 성인이 이용할 경우 무게 중심이 뒤로 가서 편안한 자세를 유지할 수 있지만, 키가 작은 어린이가 사용하면 무게 중심이 앞으로 쏠리게 된다. 특히 화로 앞에서 릴렉스체어에 앉아 있다가 무게 중심이 앞으로 쏠려 어린이가 화로에 엎어지는 사고가 빈번히 발생한다. 사고를 막으려면 어린이가 화로 앞에서 릴렉스체어에 앉지 않도록 주의시켜야 한다. 또 화로테이블을 설치해 만약 있을 사고에 대비하는 것이 좋다. 이외에도 캠핑장에서는 어린이들이 다치는 사고가 종종 발생한다. 뛰다가 텐트 스트링이나 팩 등에 걸려 넘어지는 사고도 잦다. 이런 사고를 막으려면 텐트 스트링과 팩 등에 야광 스티커를 붙여 어린이가 쉽게 피할 수 있도록 해야 한다. 가장 중요한 건 어른들이 아이들 옆에 항상 함께 있어주는 것이다. 간혹 어른과 아이들이 따로 어울려 시간을 보내는 경우가 있는데, 어른 한 명은 꼭 아이들이 노는 모습을 지켜봐야 한다. 어른이 아이들과 함께 있다면 사고의 90% 이상을 방지할 수 있다.

노하우

주의
사항

캠핑 에티켓

캠핑장 에티켓을 말하는 캠퍼들이 많아졌다. 캠핑문화가 성숙해지고 있다는 증거다. 밤늦게
까지 큰소리로 떠든다거나 주변 캠퍼에게 피해를 끼치면 항의하는 일도 왕왕 벌어진다. 마니
아가 즐기는 캠핑문화에서 이제는 캠핑이 일반화, 대중화되는 만큼 서로 캠핑 에티켓을 지키
는 것이 필요하다. 황우종 오캠몰 캠핑가이드는 "캠핑 에티켓의 기본은 상대에게 배려한다는
느낌을 주는 것에서 출발한다"고 말한다. 예를 들어 밤늦게 캠핑장에 도착해 텐트를 칠 경우
최대한 신속하고 조용하게 설치해야 한다. 옆 텐트에서 자고 있는 사람이 있다면 최대한 미
안한 마음을 가지고 피해를 끼치지 말아야 한다. 밤늦게까지 음주를 한다면 최대한 목소리를
낮춰야 한다. 텐트는 방음이 전혀 되지 않기 때문에 요즘 캠핑장에서는 밤 10시 이후에 큰소
리를 내지 않는 것 등의 규칙을 내걸고 있다. 또 도움을 청하지 않는 캠퍼에게 먼저 다가가 간
섭하지 말아야 한다. 초기 캠핑문화에서는 초보 캠퍼를 도와주는 미풍양속이 있었다. 그러나
요즘에는 가족끼리 협동해 텐트를 치는 문화가 형성돼 있는 만큼 도움을 요청하기 전까지는
간섭하지 않는 것이 좋다.